史前动物百科图谱

王大智　编著/绘

哈尔滨工业大学出版社
HARBIN INSTITUTE OF TECHNOLOGY PRESS

内 容 简 介

从人们发掘史前动物化石起，无论是科普工作者还是普通青少年或成年人，都对史前动物未解之谜充满了无限的好奇。本书详细介绍了古生代、中生代和新生代等不同地理年代的740多种古动物特征及其进化、发展过程，所有图片均为作者手绘。

本书集科学性、艺术性、趣味性于一体，内容全面，脉络清晰，绘图精美，展示了一个生动的史前动物世界，不仅可以加深人们对史前动物的了解，丰富人们的史前动物知识，而且还可以培养广大青少年对史前动物进行科学探索和研究的兴趣。

图书在版编目(CIP)数据

史前动物百科图谱 / 王大智编著、绘. — 哈尔滨：
哈尔滨工业大学出版社，2020.1
ISBN 978-7-5603-8556-3

Ⅰ. ①史… Ⅱ. ①王… Ⅲ. ①古动物–世界–图谱
Ⅳ. ①Q915-64

中国版本图书馆CIP数据核字(2019)第234648号

史前动物百科图谱
SHIQIAN DONGWU BAIKE TUPU

责任编辑　王桂芝　宗　敏
封面设计　王大智
装帧设计　屈　佳
出版发行　哈尔滨工业大学出版社
社　　址　哈尔滨市南岗区复华四道街10号　邮编150006
传　　真　0451-86414749
网　　址　http://hitpress.hit.edu.cn
印　　刷　哈尔滨市石桥印务有限公司
开　　本　889mm×1194mm　1/12　印张39.5　字数691千字
版　　次　2020年1月第1版　2020年1月第1次印刷
书　　号　ISBN 978-7-5603-8556-3
定　　价　198.00元

前　言

地球上古生物的进化进程可以划分为 3 个重要的历史阶段：一是古生代，二是中生代，三是新生代。

古生代包括 6 个历史时期：

寒武纪（距今 5.45 亿年～4.95 亿年前）

奥陶纪（距今 4.95 亿年～4.40 亿年前）

志留纪（距今 4.40 亿年～4.17 亿年前）

泥盆纪（距今 4.17 亿年～3.54 亿年前）

石炭纪（距今 3.54 亿年～2.92 亿年前）

二叠纪（距今 2.92 亿年～2.50 亿年前）

中生代包括 3 个历史时期：

三叠纪（距今 2.50 亿年～2.051 亿年前）

侏罗纪（距今 2.051 亿年～1.42 亿年前）

白垩纪（距今 1.42 亿年～6 550 万年前）

新生代包括两个历史时期：

第三纪（距今 6 550 万年～181 万年前）

第四纪（181 万年前至今）

古生代寒武纪时地球上开始出现生命，是低等原生动物第一次大发展时期，数量最多的首先是三叶虫纲动物，其种类达到数千种之多，约占当时动物总种数的 60%。三叶虫在地球上经历了 2.6 亿年，从两次生物大灭绝中死里逃生，最终还是灭绝了。其次为腕足类动物，其种数约占当时动物总数的 30%。此外，古杯动物、水母、蠕虫和软体动物等约占当时原生动物总数的 10%。另外，双笔石等海洋生物也开始出现。

地球上较早的脊椎动物——甲胄鱼在奥陶纪时期已开始大量出现，这是鱼类时代的开始。

到志留纪时期，盾皮鱼和棘鱼也相继诞生，有颌骨的鱼类已进化问世，此时的陆生爬行动物也来到了这个世界。

到了泥盆纪时期，硬骨鱼纲的鱼类空前发展。一些植物和昆虫也陆续来到世间。恐龙就是在泥盆纪晚期出现在地球上的。与此同时，原始两栖动物迷齿类也出现了，与总鳍鱼相类似，分为壳椎、迷齿和滑体三大类。到了二叠纪中期，一种像背着船帆的早期爬行动物——异齿龙出现在地球上，一种长相似鳄的植龙，以及用两足或四足走路的假鳄龙和鸟龙等动物都是这个时期产生的远古动物。

进入中生代的三叠纪时期，大量的早期恐龙相继来到地球上，那时地球的陆地板块都是相互连接在一起的，形成超级大陆，恐龙及其他动物可以到达地球上的任何地方。三叠纪时期的地球要比现在干燥得多，并且内陆有巨大的沙漠，那时地球上还没有开花的植物或草地，耐旱的蕨类植物取得了竞争优势，最普遍的树是紫杉、银杏和像棕榈那样的苏铁植物，而开花植物的出现要晚得多。三叠纪时期的动物，除早期恐龙外，还有蜥蜴、鳄类及两栖动物，它们共同统治着地球。当时有许多昆虫，其中很多种类延续到现在，像甲虫、蝗虫、蟑螂、蜜蜂、蝶、蛾类及黄蜂等。

到了中生代侏罗纪早期，三叠纪时期那些干旱的沙漠几乎全都消失，世界大部分地区的气候既温暖又湿润。这时期的海洋聚集了众多种类的动物，如菊石、箭石、海星、海百合等，这些动物和其他软体动物、水生贝类、腔肠动物等，被海洋中

大量的肉食动物所捕食，形成海洋动物生物链。最强大的海洋猛兽都是大型海生爬行动物，如鱼龙、蛇颈龙、平滑侧齿龙等。

侏罗纪时期是恐龙、翼龙及鸟类大发展时期，也可以说是恐龙发展的鼎盛时期。特别是侏罗纪晚期，地球上大部分地区都比现在温暖得多，雨水也充足，那时的植物长得既高大又茂盛，就像今天的热带雨林一样。这就为植食性恐龙的发展提供了丰富的生态资源保障，从而为肉食恐龙的发展提供了坚实的物质基础，有力地促进了肉食恐龙的大发展。而恐龙排泄物的增加，又孕育了肥美的土地，促进了植物的生长，形成了大自然的良性循环。这个时期古生物形成了陆海空"三军"的大发展：陆地上大型食肉恐龙统治着大陆，海洋中大型食肉动物主宰着海洋，而众多的翼龙大军又主宰着天空。

到了中生代侏罗纪时期，原来还连接在一起的大陆板块已分裂成北部和南部两大超级大陆板块，北部的超大陆称为劳亚古陆，南部的超大陆称为冈瓦纳古陆。这两大板块由于地壳变动又崩裂为许多小的陆地板块。到了距今1.42亿年至6550万年前的中生代白垩纪时期，印度板块脱离了非洲大陆，南极洲则逐渐向南漂移，形成了现在的世界地理版图。

白垩纪时期植物得到空前的发展，也是现代植物开始诞生的时期。无花植物，如蕨类植物、马尾草、针叶树和苏铁仍是地球上的主要代表性植物。但最早的有花植物此时也陆续出现，后来这些有花植物覆盖了更多的陆地表面。有花植物最早出现在南美洲和非洲的热带地区，这也为植食性恐龙增加了食物来源，使地球上恐龙的种类越来越多。

白垩纪时期是恐龙发展的顶峰，也是恐龙大灭绝的时期。恐龙是地球上曾经存在过的较为成功的动物，但不知是什么原因使它们在6550万年前突然从地球上消失。统治地球长达1.5亿年的庞然大物——恐龙走到了尽头，许多爬行动物，包括空中的翼龙和海洋中的爬行动物也都消失了。恐龙的灭绝宣告了地球生物共经历了5次大的劫难，也称为5次大灭绝。

第一次是奥陶纪大灭绝：发生于约4.43亿年前，造成了海洋中约50%属和80%种消亡。可能的诱因为气候变迁。

第二次是泥盆纪大灭绝：发生于约3.72亿年前，地球上有约82%海洋动物灭绝。可能的诱因为气候变迁。

第三次是二叠纪大灭绝：发生在约2.52亿年前，海洋里约90%和陆地上约75%的物种灭绝。可能的诱因为火山活动，气候变迁，超级大陆的形成。

第四次是三叠纪大灭绝：发生在约2.01亿年前，重创了菊石、双壳类、腹足类和脊椎动物等。可能的诱因为气候变迁。

第五次是白垩纪大灭绝：发生在约6600万年前，地球上约50%的属消亡。可能的诱因为小行星或慧星撞击地球，玄武岩溢出地表（地内）。

目前，大量动物赖以生存的栖息地的破坏，江、河、湖、海及大气的污染等，主要都是人类行为造成的，大量的屡禁不止的盗猎和杀戮，将一些高危物种逼上绝境也多是人类所为。科学家估计，在我们地球上曾存在过的所有生命形式中，约有

十分之九绝种了。在世界各地的大型陆地保护区，一些动物在逐渐消失，比如长臂猿、猩猩及各种狐狸、熊和犀牛等。世界各国如不加大力度采取有力措施，今天生活在人类周围的动物也会像历史上前5次大灭绝一样消失，人们只能在博物馆中见到它们的骨架和图片了。

恐龙虽然灭绝了，但它们却给人类留下了埋藏在地下的宝贵遗产——具有研究价值的化石资源。

中国是恐龙化石超级大国。据笔者目前所掌握的尚不完全资料显示，我国目前已发现和发掘并命名的恐龙化石有240多种，目前全世界已发掘和命名的恐龙化石为970多种，我国现有恐龙化石总种数几乎占全世界的1/4（不包括我国和世界尚未发现和发现了尚未发掘和命名的化石）。

2014年7月15日的英国《卫报》网站以《在中国发现四翼恐龙化石》为题报道称："中国发现了一种新的史前四翼恐龙，这种四翼恐龙可能是同类中最大的。"据信，这是一只成年恐龙，该化石发现于中国东北的辽宁省，该地区在过去10年间发现了大量带羽毛的恐龙化石，包括1996年发现的首个得到普遍承认的"中华龙鸟"化石。

2014年11月14日英国《经济学家》周刊网站以题为《中国境内发现的恐龙种类比其他任何地方都多》的报道介绍："在中国山东省诸城这个地方已发现了一万多块恐龙化石，这个地方已被称为'恐龙谷'。在中国寻找恐龙化石只是近几十年才开始的，但在中国境内确定的恐龙种数已超过其他任何国家，

可以说在中国全国几乎所有的省、自治区都蕴藏着恐龙化石。"除中国外，可以确认的恐龙化石大国还有美国、阿根廷、蒙古、加拿大、英国、澳大利亚等国。

本书介绍了古生代、中生代和新生代3个历史时期的古生物740余种，其中大型古生物陆海空"三军"（恐龙、翼龙、蛇颈龙）有500多种。除了古生代6个时期（寒武纪、奥陶纪、志留纪、泥盆纪、石炭纪、二叠纪）远古生物种类较少，仅有几十种外，其他两个时期——中生代和新生代集中了绝大部分生物。本书中全部生物图片均系作者参考国内外相关图书、报刊、杂志、博物馆等多渠道图片或影像资料手绘完成，其中史前古动物彩绘图谱部分为作者彩绘的图片；其他部分为作者素绘的图片，然后经专业着色以增强作品的美感。为了使读者感受作者的素描图片效果，书中重复放了部分素描图，但只给出图名而不再加注图片说明；为了画面的丰满，作者在个别图片绘画构图时加画了一些形态不同的同种生物，前面已有单独介绍的此处也只给出生物的名称。本书集知识性、科普性、美术性及趣味性于一体，具有很高的收藏价值。

本书在编著、绘图过程中得到了王大奎、刘忠云等同志的大力支持与热心帮助，在此表示衷心的感谢！限于作者水平，书中难免存在疏漏及不妥之处，敬请广大读者批评指正。

王大智

2019年10月

目　录

史前动物百科图谱

目录

一、史前动物彩绘图谱

美洲剑齿虎

美洲剑齿虎体长 1.5 ~ 2 m。肉食性动物，主要以象、野牛、野马等大型植食性动物为食。美洲剑齿虎生活在新生代第四纪的北美洲。

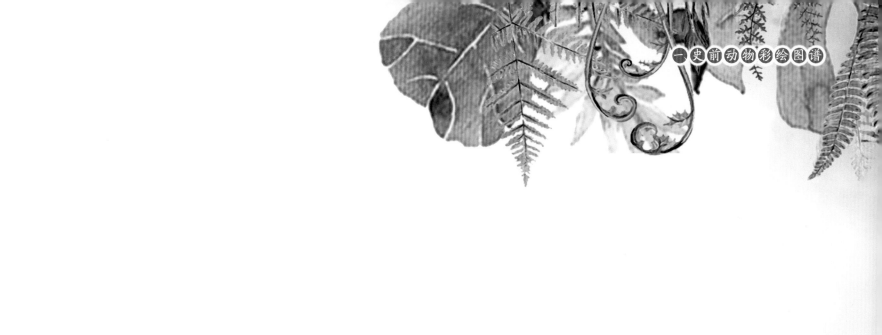

中国鸟

中国鸟是生活在中生代白垩纪时期的鸟类，其化石是在中国热河发现的。中国鸟是一种小型栖息鸟，其嘴部和后肢与始祖鸟具有相同的特征，但中国鸟的翅膀形状更先进，也更适于飞翔。

基 龙

　　基龙属盘龙目，基龙科，体长约 3.3 m。植食性动物。基龙是一种比恐龙还早的陆地爬行动物，生活在古生代石炭纪早期的美洲和欧洲。

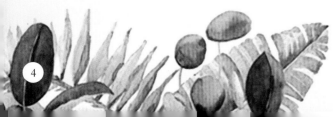

小盗龙

小盗龙体长 56~76 cm。肉食性动物。它长有四个翅膀，会飞，全身羽毛色彩艳丽。小盗龙生活在中生代白垩纪时期，它的化石是在中国辽宁被发现的。

恐 鸟

　　恐鸟属走禽类，身高约 3 m，不会飞翔，头小脚大。植食性动物。恐鸟于新生代第四纪，生活在新西兰。当时恐鸟家族中有 11 种不同的种类，有的种类只有火鸡那么大。几百年前，由于当地人把恐鸟作为肉类鸟大肆猎杀，因此整个恐鸟家族灭绝。

猛犸象

　　猛犸象生活在新生代第三纪，分布在欧洲、亚洲和北美洲。植食性动物。猛犸象有很多不同的种类，少数种类身上长有细而密的长毛，和今日的大象有亲缘关系。

披毛犀

　　披毛犀生活在欧洲和西伯利亚。植食性动物。它们生活在新生代第四纪，一直生活到冰河消退的时代，其化石是在冻土层中被发现的。

尾羽龙

尾羽龙是中生代白垩纪时期生活在中国辽宁热河的物种，体长70~90 cm。杂食性动物，其尾端长有羽毛。

孔子鸟

孔子鸟是中生代白垩纪早期生活在中国的鸟类，其化石已有2 000多具被发现。其雌鸟尾短，雄鸟尾部长有两根彩条样的长羽毛。

三角龙

　　三角龙属有角恐龙，体长约 9 m，体重约 11 t。植食性动物。它是有角恐龙中体形最大，也是最重的，相当于当今陆地上最大型哺乳动物大象体重的 2 倍。它的锋利的长角能够对付大部分食肉恐龙。三角龙生活在中生代白垩纪晚期的北美洲。

肿角龙

　　肿角龙属有角恐龙，体长约 7.5 m，体重约 11 t。植食性动物。几乎没有天敌敢攻击它。肿角龙生活在中生代白垩纪晚期的北美洲。

五彩冠龙

五彩冠龙属暴龙类恐龙，体长约 3 m。肉食性动物。五彩冠龙生活在中生代侏罗纪晚期，发现于中国。

异齿龙

异齿龙的名字意为有不同类型牙齿的蜥蜴。它属鸟脚亚目，身长约 1.2 m。植食性动物。异齿龙生活在中生代侏罗纪早期的南非。

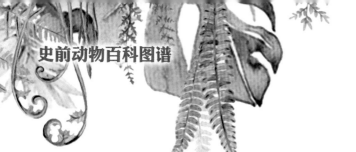

楯齿龙

　　楯齿龙属海洋爬行动物，体长约 2 m。它生活在离欧洲海岸较远的海滨浅水中，那条长尾巴和长着蹼的脚使它很擅长游泳，嘴前端长有坚硬的牙齿，可在岩石上觅食贝壳类动物。楯齿龙是中生代三叠纪时期的动物，分布在亚洲和欧洲。

无齿龙

　　无齿龙属楯齿龙类，体长约 1 m。无齿龙是中生代三叠纪晚期生活在欧洲的一种海洋爬行动物。

龟 龙

　　龟龙体长 1 m 左右，以虾、蟹等为食。龟龙是中生代三叠纪时期生活在欧洲的一种海洋爬行动物。

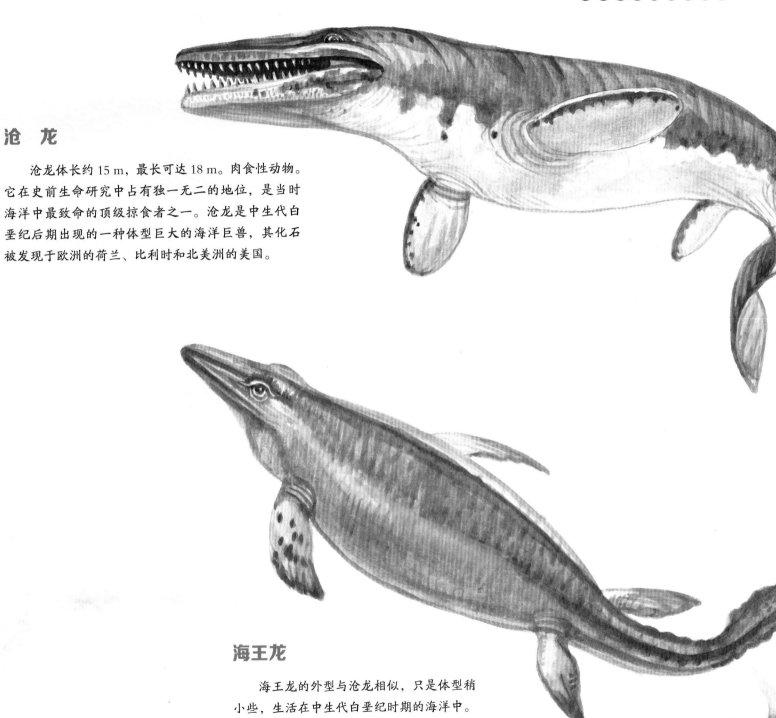

沧龙

沧龙体长约 15 m，最长可达 18 m。肉食性动物。它在史前生命研究中占有独一无二的地位，是当时海洋中最致命的顶级掠食者之一。沧龙是中生代白垩纪后期出现的一种体型巨大的海洋巨兽，其化石被发现于欧洲的荷兰、比利时和北美洲的美国。

海王龙

海王龙的外型与沧龙相似，只是体型稍小些，生活在中生代白垩纪时期的海洋中。海王龙是一种凶猛的海洋肉食性动物，体长约 12 m，其牙齿可长达 5 cm。

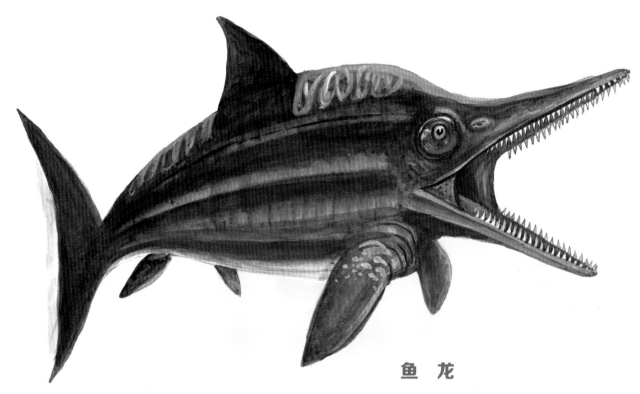

鱼 龙

鱼龙体长 2~5 m，卵胎生，它的天敌是上龙。鱼龙生活在中生代侏罗纪时期的海洋中。肉食性动物，以鱼类和头足类为食。

海 绵

海绵是生活在距今 4 亿年前的新元古代时期的动物。它有着柔软的肉质身体，在浅海中生活，以水中小生物为食。

异 螈

异螈是古生代石炭纪时期生活在沼泽地带的一种爬行动物。它平时潜伏在水底，当发现猎物时会突然跃起将其捕获。

腹甲蜥

腹甲蜥是古生代石炭纪时期生活在沼泽中的一种爬行动物。它既是强壮的游泳能手，又是凶猛的猎手。肉食性动物。

林 蜥

林蜥体长约 20 cm，是古生代石炭纪时期的一种完全陆生的爬行动物。它的英文含意是"森林之鼠"。肉食性动物。

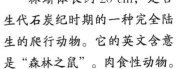

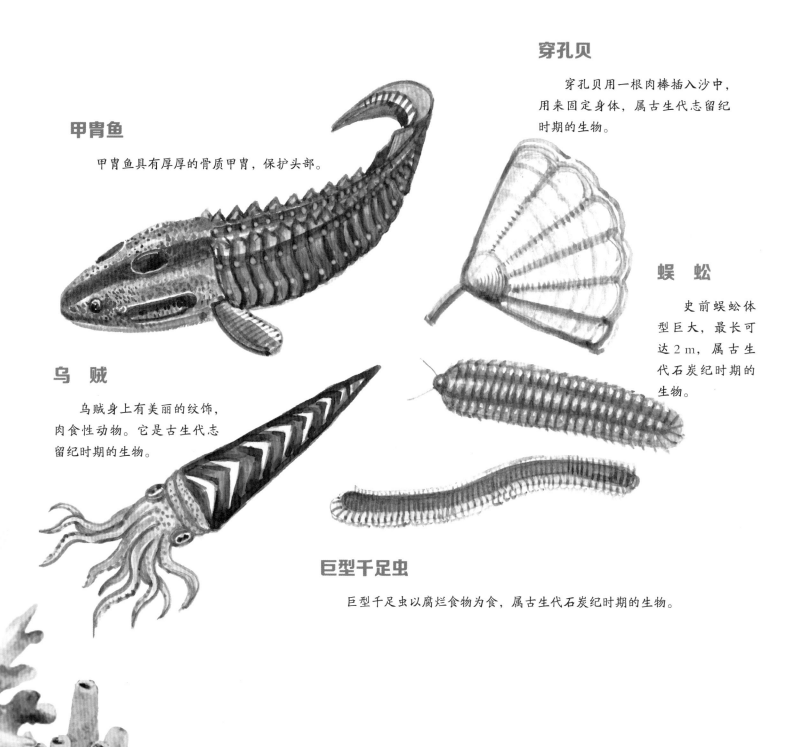

穿孔贝

穿孔贝用一根肉棒插入沙中，用来固定身体，属古生代志留纪时期的生物。

甲胄鱼

甲胄鱼具有厚厚的骨质甲胄，保护头部。

蜈 蚣

史前蜈蚣体型巨大，最长可达 2 m，属古生代石炭纪时期的生物。

乌 贼

乌贼身上有美丽的纹饰，肉食性动物。它是古生代志留纪时期的生物。

巨型千足虫

巨型千足虫以腐烂食物为食，属古生代石炭纪时期的生物。

无孔鱼

无孔鱼生活在古海洋中，肉食性动物，属古生代志留纪时期的生物。

蜗　牛

蜗牛是古生代石炭纪时期的软体动物，它与现在的软体动物是同类。

海　螺

海螺属肉食性动物，生活于史前古海洋中，属古生代石炭纪时期的生物。

双笔石

双笔石属于史前海洋生物，以浮游生物为食。它生活在古生代奥陶纪至志留纪时期的各大海洋中。

三叶虫

三叶虫产生于古生代寒武纪时期，灭亡于古生代二叠纪时期。

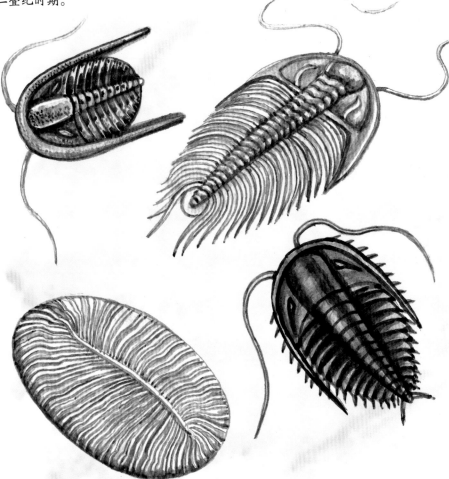

肉红长虫

肉红长虫是三叶虫的一种，体长可达 1 m。

古球接子虫

古球接子虫也是三叶虫的一种。它是没有眼的三叶虫，当感应器官探测到危险时，会立即将身体缩成圆球状。

狄更逊水母

狄更逊水母是生活在元古代震旦纪时期（6.8 亿～5.43 亿年前）海洋中的动物，体长可达 1 m。

斯瓦塔须鲃

斯瓦塔须鲃属地球上最原始的初级生命，它们于史前元古代震旦纪时期生活在澳大利亚、格陵兰和俄罗斯等地。它们既没有头，也没有四肢、尾巴和嘴，无进攻和防御功能，只能固定一处不动。它们像植物，但属于动物。

斯普里格蠕虫

斯普里格蠕虫像是一种原始的三叶虫，但与所有的埃迪卡拉动物一样，它身上也没有坚硬的部位。斯普里格蠕虫生活在震旦纪时期的海洋底部。

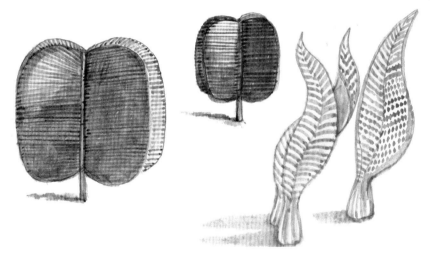

查恩盘虫

查恩盘虫体型呈羽毛状，是古生代寒武纪时期的原始低等动物。它属埃迪卡拉动物群，生活在南澳大利亚的埃迪卡拉地区，这里史前是汪洋大海。查恩盘虫的化石是1947年由澳大利亚一个地质学家在庞德石英岩中发现的。

伤齿龙

伤齿龙属伤齿龙科，体长约 2 m。其名字含义是"具有伤害性的牙齿"。它像似鸟龙科恐龙，身上长有羽毛，是灵活、聪明的小型肉食性恐龙。其大脑是恐龙中最大的。伤齿龙生活在中生代白垩纪晚期，它的化石是在加拿大艾伯塔省和美国的怀俄明及蒙大拿州被发现的。

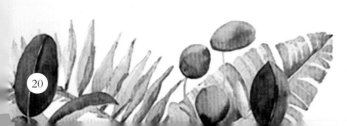

始祖鸟

　　始祖鸟曾是科学界认为的第一种真正意义上的鸟类。它们生活在1.5亿年前的中生代晚侏罗纪时期，身上长有羽毛，喙中长有锋利的牙齿。它的化石是1861年被发现的。

棘 龙

棘龙体长约18 m, 高约6 m, 体重约8 t。肉食性动物。它生活在中生代白垩纪时期的非洲。

索齿兽

索齿兽是一种外形奇特的哺乳动物, 它生活在3 500万年前新生代第三纪的海边浅水及岸边, 有潜入海底走路的本领。它的牙齿是用来挖食贝类的。现代动物中尚未发现索齿兽的近亲。

二、古生代动物

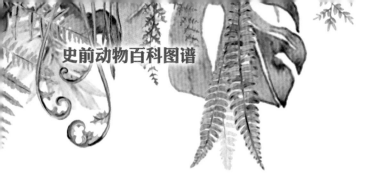

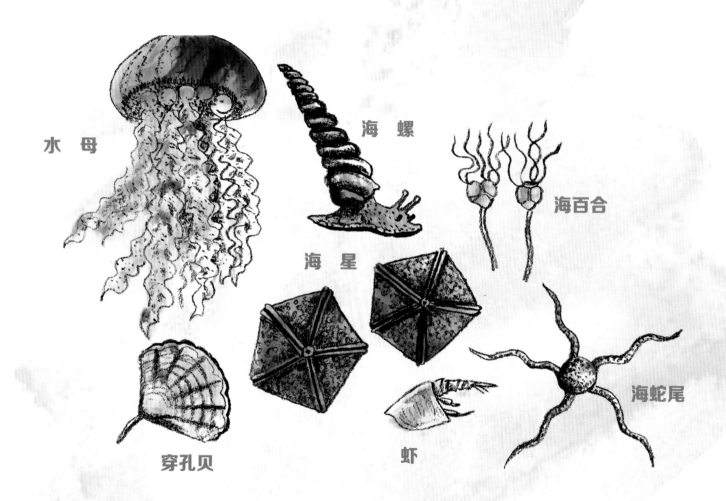

水 母

海 螺

海百合

海 星

海蛇尾

穿孔贝

虾

（寒武纪三叶虫）

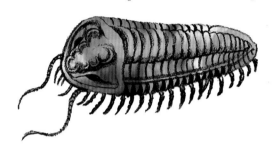

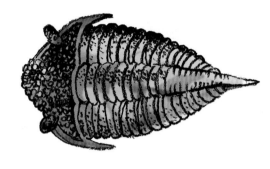

（志留纪三叶虫）

三叶虫

　　三叶虫是距今 4.95 亿年前古生代寒武纪时期出现的低等生物，距今 4.95 亿 ~4.40 亿年前发展到高峰。到了 2.5 亿年前的二叠纪时期完全灭绝。它们前后在地球上生活了 2.45 亿年，主要分布在英属哥伦比亚、美国的纽约州、欧洲的德国、亚洲的中国等地。三叶虫体长一般为 20 cm，最长的有 1 m。三叶虫是个庞大的家族，共有 9 个目 15 000 多种。

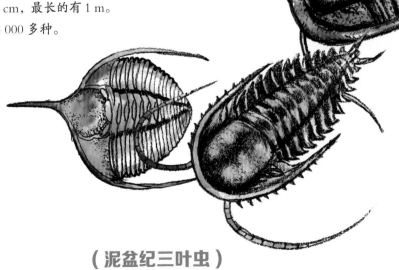

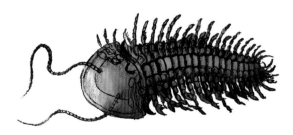

（奥陶纪三叶虫）

（泥盆纪三叶虫）

蜻蜓

蜻蜓属于有翅类昆虫，古生代石炭纪时期的蜻蜓翅展将近 1 m，比现在的蜻蜓大很多。

广翅鲎

广翅鲎别名为板足鲎，是一种已经灭绝了的远古节肢动物。在古生代奥陶纪（4.95 亿年~4.40 亿年前）时期，这种节肢动物大约有 300 种，它们的体型巨大，体长可达 3 m，是当时水中一种可怕的掠食者。

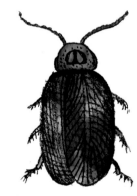

甲 虫

甲虫属于有翅类昆虫。古生代奥陶纪时期，昆虫开始大量繁衍。

古生代寒武纪—志留纪时期部分海洋生物

大约 5.45 亿到 4.95 亿年前的古生代寒武纪，是地球上动物界第一次大发展时期，此时最多的动物是三叶虫，约占动物界的 60%，其次为腕足类动物，约占 30%。此外，古杯动物、水母、蠕虫和软体动物等共占约 10%。到了古生代奥陶纪，无脊椎动物开始大发展。

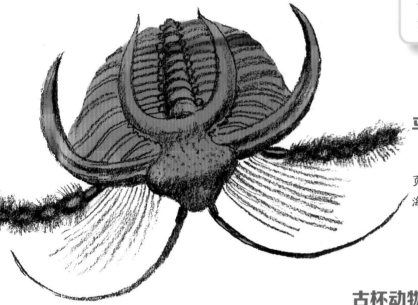

马雷拉虫

马雷拉虫属节肢动物，体长 2 cm 以内，是伯吉斯页岩中最多见的生物。它生活在古生代寒武纪早期的海洋中。

古杯动物分支

古杯动物多生长在温带和热带水域中，它们用身体上的孔洞来吸收水中的营养物质。古杯动物生活在古生代寒武纪早期的海洋中。

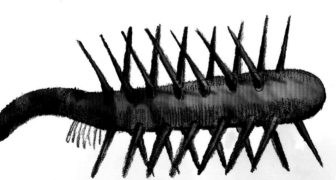

怪诞虫

怪诞虫种类很多，有的怪诞虫具有两排尖刺状的腿和 1 套从背上长出的短触须，有的则具有两套触须。它们生活在古生代寒武纪早期的海洋中。

奥托亚虫

奥托亚虫是一种穴居性蠕虫，属软体动物，体长约 15 cm。它藏身的洞穴呈 U 字形，这种动物同类相残、相食。奥托亚虫生活在古生代寒武纪早期的海洋中。

足杯虫

足杯虫生活在古生代寒武纪早期的古海洋中。

美国古生物学家查尔斯·都利特·沃尔科特于1909年在加拿大北部的落基山脉搜寻化石的时候发现伯吉斯页岩中有成千上万种海洋原始生物的化石，这些生物都是古生代寒武纪早期（5.35亿年前）古海洋中的鲜活生命。

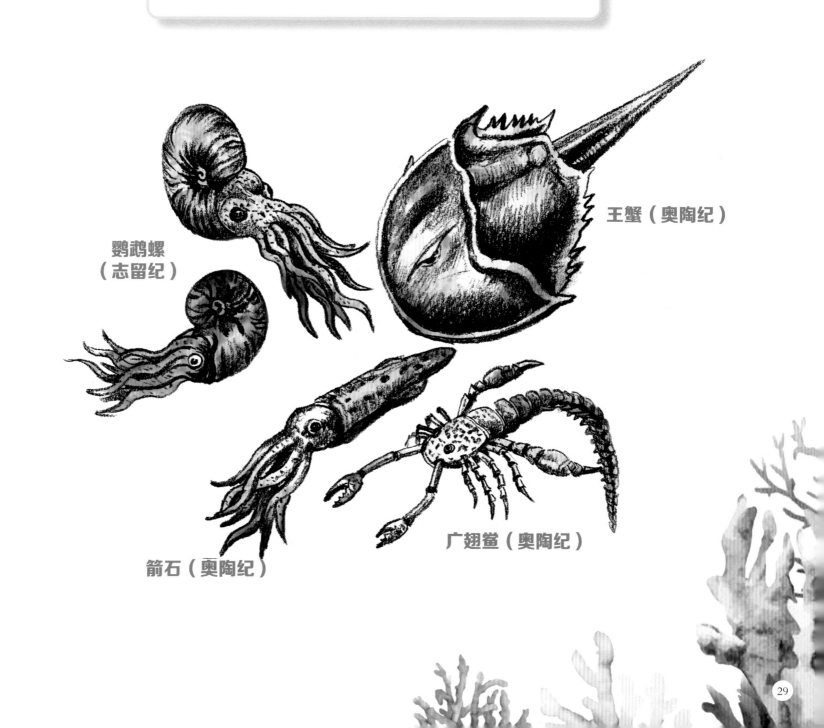

鹦鹉螺
（志留纪）

王蟹（奥陶纪）

箭石（奥陶纪）

广翅鲎（奥陶纪）

欧巴宾海蝎

欧巴宾海蝎是约5亿年前生活在古生代寒武纪早期海洋中的一种肉食性动物。它的口鼻部很奇特，呈爪状，可以作为捕食工具。从外表看去，它很像是一种虾，但其实是一种水生昆虫。它头上有5只眼睛，常用口鼻去捕捉艾姆维斯卡亚虫。

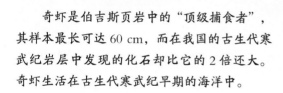

奇 虾

奇虾是伯吉斯页岩中的"顶级捕食者"，其样本最长可达60 cm，而在我国的古生代寒武纪岩层中发现的化石却比它的2倍还大。奇虾生活在古生代寒武纪早期的海洋中。

威瓦克西亚虫

威瓦克西亚虫是古生代寒武纪早期生活在海洋中的一种动物。它像一枚钱币，又像在海洋中航行的装甲气垫。

多须虫

多须虫用它那强劲的口器来攻击海底的动物，它生活在古生代寒武纪早期的海洋中。它正在追捕一只林桥利虫。

林桥利虫

林桥利虫是5亿多年前古生代寒武纪时期生活在海洋中的一种节肢动物。

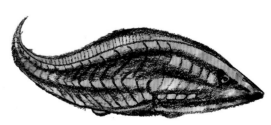

昆明鱼

昆明鱼是古生代寒武纪时期较早的鱼类之一，它生活在中国昆明。1999年，中国科学家在岩层中找到了两种脊索动物的化石，分别是"昆明鱼"和"海口鱼"。

爱沙尼亚角石

爱沙尼亚角石是一种会游泳的软体动物。它属于鹦鹉螺科动物，是5亿年前生活在古生代奥陶纪时期的原始动物。那时，几乎世界上所有的陆地都在赤道南边，这些大陆一起构成了一个巨型的古大陆——冈瓦纳古陆。

鹦鹉螺

鹦鹉螺属鹦鹉螺科，是古生代奥陶纪海洋中体型最大的动物。鹦鹉螺有很多种，它生活于5亿年前奥陶纪时期的海洋中。

亚兰达甲鱼

亚兰达甲鱼是4亿多年前古生代奥陶纪时期生活在海洋中的一种早期原始鱼类。它是一种装甲无颌鱼或者异甲类动物。

普罗米桑虫

普罗米桑虫是一种40 cm长的大型牙形虫，发现于20世纪90年代初的南非。从它那凸鼓的眼睛就可看出，这是一种灵活敏捷的捕食者。它生活于5亿年前古生代奥陶纪时期的南非。

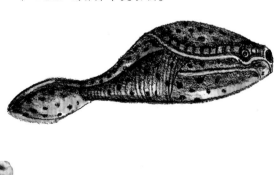

马蹄蟹

史前的马蹄蟹依靠 5 对足肢在海底爬行。现在这种"活化石"在亚洲和北美洲还保存有 4 个品种，经过史前 5 次动物大灭绝，马蹄蟹能活到今天可谓是个奇迹。马蹄蟹生活于古生代奥陶纪时期。

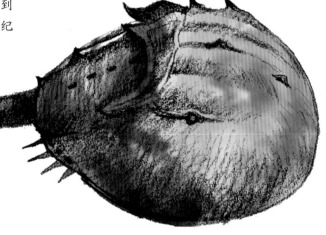

翼肢鲎

翼肢鲎是史前的一种海蝎，能对史前海洋中的鱼类构成威胁。但经过生物进化，一些鱼类体型变大，行动也变得快捷，渐渐远离了这种威胁。翼肢鲎是古生代志留纪时期生活在海洋中的一种肉食性动物。

海百合

海百合是古生代志留纪时期长在礁体上的一种无脊椎动物，它不能行走，定位于一处，用触手猎食。

海　胆

海胆是古生代志留纪时期就有的周身长刺的动物，它可以自由地在海底爬行，寻找食物。

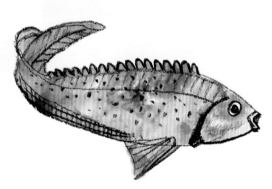

无孔鱼

无孔鱼是古生代志留纪时期的早期鱼类。

乳齿鱼

乳齿鱼是古生代志留纪时期的海洋动物。

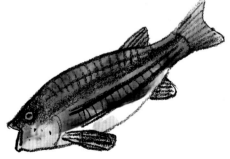

枻刺鱼

枻刺鱼生活在古生代志留纪时期的古海洋中，很像今日的鲨鱼。

龙虱

龙虱属于鞘翅目昆虫，肉食性动物，与现在的龙虱一样。

木虱

木虱是古生代志留纪时期生活在陆地上的昆虫之一。

刺皮螈

刺皮螈是古生代志留纪时期的两栖爬行动物，它与鱼类一样长有腮，能在水中呼吸。

海绵

海绵生活于4亿多年前古生代志留纪时期的海洋中。

棘 鱼

棘鱼是生活在 4 亿多年前古生代志留纪时期的古鱼类，属总鳍鱼。

潘德尔鱼

潘德尔鱼属于硬骨鱼纲，是生活在 4 亿年前古生代志留纪时期的鱼类。

诺斯特鱼

诺斯特鱼是一种远古水生动物，是较早拥有下颚和锋利牙齿的鱼类。诺斯特鱼是 4 亿年前古生代志留纪时期的鱼类。

乌 贼

乌贼是生活在古生代志留纪时期古海洋中的软体动物。

莫氏鱼

莫氏鱼属缺甲鱼类，体长约 30 cm。它拥有十几个腮孔，是生活在古生代志留纪时期的生物。

微　鱼

　　微鱼产生于4亿多年前的古生代志留纪时期，大发展于古生代泥盆纪时期。它是用鳍爬到陆地上并用肺呼吸的一种鱼，只有成人拇指大小。

沟鳞鱼

　　沟鳞鱼属硬骨鱼纲，是出现于古生代志留纪时期、大发展于古生代泥盆纪时期的史前鱼类。

长鳞鱼

长鳞鱼是一种生活在古生代志留纪时期海洋中的远古鱼类。

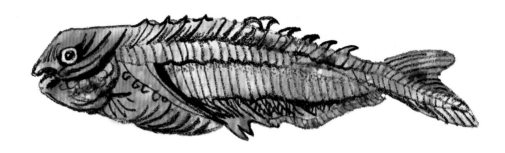

厚甲鱼

厚甲鱼是 4 亿年前古生代志留纪时期的远古鱼类。

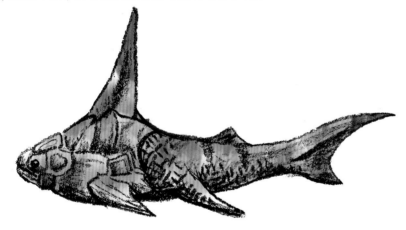

甲胄鱼

甲胄鱼生活于古生代志留纪时期，是地球上较早出现的脊椎动物。

古生代泥盆纪—石炭纪时期的动物

地球上较早的脊椎动物是甲胄鱼类，它们出现于奥陶纪时期，繁盛于志留纪时期。到了志留纪时期，出现了真正的鱼类，即盾皮鱼和棘鱼。泥盆纪时期是鱼类发展的全盛时代。

恐鱼是泥盆纪晚期的一种凶猛而巨大的盾皮鱼类。在中国发现的恐鱼为乐氏江油鱼，这是中国著名地质学家乐森珥教授在四川省江油县发现的。

鱼石螈

鱼石螈属四足总纲，体长 1 m，食昆虫等。它是古生代泥盆纪时期生活在格陵兰岛上的两栖动物，能爬上岸活动。

恐 鱼

  恐鱼属盾皮鱼类，体型巨大，性情凶猛，是古生代泥盆纪晚期动物。在中国发现的恐鱼为乐氏江油鱼，这是我国著名地质学家乐森璕教授在四川省江油县发现的。

 ## 真掌鳍鱼

  真掌鳍鱼生活于4亿年前的古生代泥盆纪时期，属于总鳍鱼，它能用鳍爬上岸并用肺呼吸。属扇鳍鱼类，是淡水肉食性鱼类。

邓氏鱼

　　古生代泥盆纪开始于 4.17 亿年前，是地球面貌正经历巨变的时代。泥盆纪时期也被称为"鱼类的时代"，那时脊椎动物开始成为海洋中的霸主，随着进化，一些海洋中的脊椎动物开始登上陆地。

　　邓氏鱼就是在这个时期出现在海洋中的，属于盾皮鱼类。到了泥盆纪晚期，盾皮鱼类变成了海洋中的杀手和掠食者，邓氏鱼成为当时最大的捕食者之一。邓氏鱼体长将近 4 m，其锋利的牙齿可将猎物撕成两半。

镰甲鱼

镰甲鱼是生活在古生代泥盆纪早期的底栖鱼类，身体有硬甲保护。

鳍甲鱼

鳍甲鱼属有甲类，是古生代泥盆纪时期的鱼类。

裂口鲨

裂口鲨生活在古生代泥盆纪时期。它是一种肉鳍鱼类，嘴中生有可以咬碎食物的大型锋利牙齿。

蝙蝠鱼

蝙蝠鱼属远古鱼类，分布于热带及温带海洋中，生活于古生代泥盆纪时期。

头甲鱼

头甲鱼又名骨甲鱼，属鱼纲，体长约 12 m。它是生活在古生代泥盆纪时期的无颚鱼类，具防护甲。它栖息于欧洲的淡水水体中，以水藻为食。现今大部分脊椎动物都是由这个小小的头甲鱼进化而来的。

总鳍鱼

总鳍鱼属于硬骨鱼类，生活在淡水中，肉食性动物，是两栖动物的祖先。总鳍鱼生活在 4 亿年前的古生代泥盆纪时期。

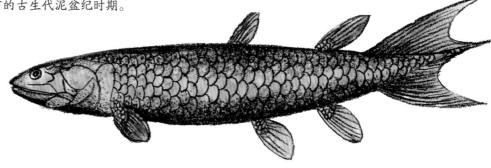

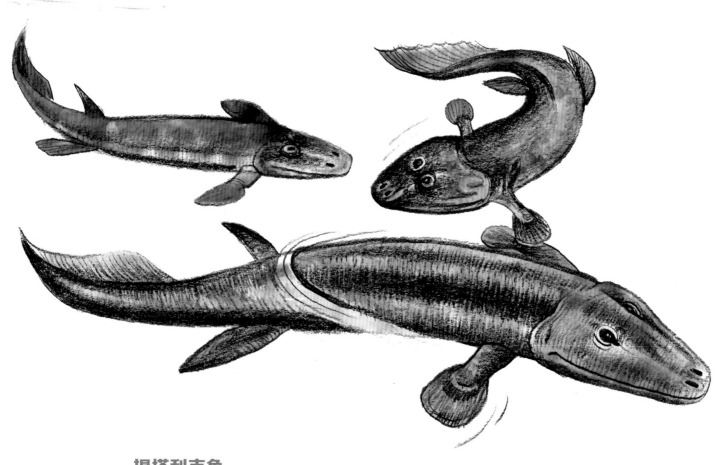

提塔利克鱼

　　提塔利克鱼属总鳍鱼类，体长约 2.7 m，是肉食性动物，以小鱼和节肢动物为食，两眼位于头部的顶端，长有一对像腿一样既能在水中游泳又能在陆地爬行的鳍，有肺脏，能够在陆地用肺呼吸，做长时间离水活动。提塔利克鱼是古生代泥盆纪晚期生活在加拿大北部的动物。

阔齿龙

　　阔齿龙是 3.5 亿年前的古生代泥盆纪晚期的两栖爬行动物，是由总鳍鱼进化来的。

棘 螈

　　棘螈体长 60 cm，是古生代泥盆纪时期的一种爬行动物。这个时期已发现动物的化石多为鱼类，而两栖动物极少，其中最知名的就是石螈和棘螈，均发现于格陵兰岛。它虽长有 4 只脚，但是躯体和蹼状尾很像鱼，既能通过肺呼吸，又能通过皮肤呼吸。棘螈是一种由鱼进化而来的两栖爬行动物。

西洛仙蜥

　　西洛仙蜥体长约 30 cm，早期爬行动物，以昆虫和蜘蛛等为食，能够在陆地上产卵，可以始终生活在陆地上。虽然它是一种爬行动物，但是它的骨骼和两栖动物十分相似，它让古生物学家发现了两栖动物是如何进化成爬行动物的奥秘。它的天敌是体长约 1 m 的布龙度蝎子。西洛仙蜥生活于古生代石炭纪早期，其化石被发现于欧洲苏格兰的一个郡。

西摩螈

西摩螈在陆地上行动迟缓，所以它大部分时间都在水中生活。西摩螈生活在古生代石炭纪时期。

八射龙

　　八射龙是一种长着满口锋利尖牙的肉食猛兽，用四肢走路。它是古生代石炭纪时期一种凶猛的爬行动物。

前　龙

　　前龙是一种大块咬下猎物肉囫囵吞下的肉食性野兽。前龙是一种生活在古生代石炭纪时期的爬行动物。

蚳螈

　　蚳螈属两栖爬行动物，生活于远古时代的石炭纪时期，它是由总鳍鱼进化而来的，分为壳椎、迷齿、滑体三大类，以昆虫及水草为食。它是古生代石炭纪时期的爬行动物。

异 螈

异螈是生活在水中的爬行动物，潜伏在水底猎食水生动物。它是古生代石炭纪时期的动物。

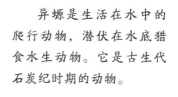

盾皮龙

盾皮龙全身长着厚厚的皮肤，长钉一样的角棘布满了全身，可用来防御猛兽的袭击。它生活在古生代石炭纪时期。

林 蜥

　　林蜥英文名字是"森林之鼠"的意思，是世界上最早的爬行动物之一，体长约 20 cm，是完全陆生肉食性动物。它身体修长灵活，足肢发展良好，脚上无蹼，尾呈圆柱形。林蜥是古生代石炭纪时期生活于北美（加拿大）的陆生爬行动物。

尤格龙

　　尤格龙那锋利的牙齿，可以轻而易举地咬碎甲壳类动物及蜗牛的外壳。它是生活在古生代石炭纪时期的爬行动物。

长脸螈

长脸螈体长 1.5~2 m，体重约 90 kg。其化石是在美国的新墨西哥州和南部的部分地区发现的。

多孔黏盲鳗

多孔黏盲鳗是一种爬行动物，生活在古生代石炭纪时期。

披肩鲵

披肩鲵身体细长，生活在古生代石炭纪时期。

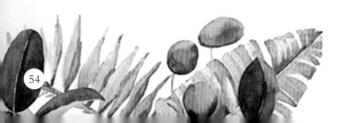

始 螈

　　始螈属两栖动物中的石炭蜥蜴，它一直生活到古生代二叠纪时期才灭绝。它体长约 4 m，尾部具蹼，善游泳，在水中生活，幼年时常在浅水中捕食猎物，但成年后大部分时间是在水外度过的。它是古生代石炭纪时期的两栖爬行动物。

双椎螈

　　双椎螈是由总鳍鱼类进化而来的，体型笨重，属两栖爬行动物。它行动缓慢，牙齿锋利，以小动物、大型昆虫和水草为食。双椎螈是古生代石炭纪时期的远古爬行动物。

楔 龙

楔龙长着一条从颈部一直延伸到尾基的骨质背脊。楔龙属古生代石炭纪时期的爬行动物。

卡色龙

卡色龙属兽孔目爬行动物，是盘龙家族最后出现的成员，与蜥代龙是同时代的动物。它动作迟缓，常趴在地上晒太阳，是一种植食性动物。

缓 龙

缓龙属爬行动物，它的头骨后面有一条满是褶皱的脖子。缓龙生活在古生代石炭纪时期。

犊 龙

犊龙属植食性恐龙，大小与现在的成年牛差不多，它是生活在古生代石炭纪时期的动物。

基 龙

　　基龙属盘龙目，体长约 3.3 m，是古生代最早的植食性爬行动物。它的皮肤包裹着高高的棘棒，在背部形成了高高的"大帆"。基龙通过背上的"大帆"吸收阳光，晒热血液，暖和身体。许多人错误地认为基龙是一种恐龙，其实它比恐龙早出现很长时间，与恐龙没有任何关系。它生活于古生代石炭纪时期的美洲和欧洲。

引 螈

引螈属笨重的爬行类动物,属两栖
爬行类,以昆虫及水草等为食,是青蛙
的远亲。它是生活在古生代石炭纪时期
的动物。

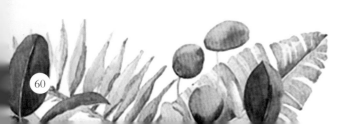

引螈

古生代二叠纪时期的动物

在史前漫漫的历史长河中，古生代二叠纪时期只持续了 4 200 万年。虽然兽孔目动物是从盘龙类中产生的，但在二叠纪时期，盘龙类仍然继续同兽孔目动物一起繁荣发展，其中最知名的就是背脊类动物，但实际上盘龙类还包括一些同今天的爬行动物颇为相像的物种。

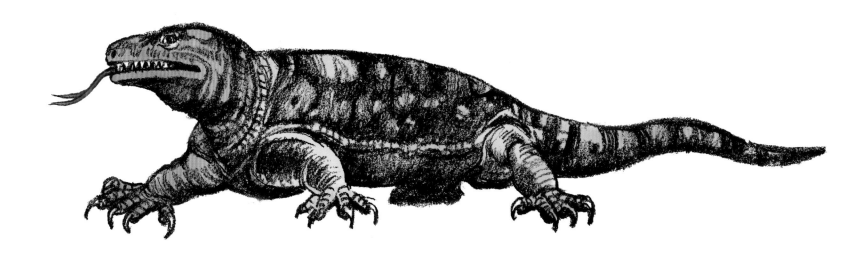

蜥代龙

蜥代龙是在陆地上生活的一种肉食性爬行动物，形态很像鳄鱼。蜥代龙生活于古生代二叠纪时期。

帆背兽

　　帆背兽属植食性爬行动物，是古生代二叠纪时期的动物。

安蒂欧兽

　　安蒂欧兽属兽孔目动物，体长4～5 m。肉食性动物。它是早期的爬行动物，是古生代二叠纪时期生活在南非地区的一种爬行动物。

麝足兽

　　麝足兽属兽孔目动物，体长4 m。植食性爬行动物。它是卡鲁盆地最大的素食恐龙，其尾巴比大多数初级爬行动物都短，有着典型的大型植食性动物的筒状身体。麝足兽是古生代二叠纪时期的动物。

冠鳄兽

冠鳄兽属兽孔目。它是
生活在古生代二叠纪时期的
一种爬行动物。

笠头螈

笠头螈体长 60 cm，四肢软弱，各具 5 趾，经
常在泥岸上瞌睡。它是一种生活在古生代二叠纪
中期的形状古怪的两栖动物。

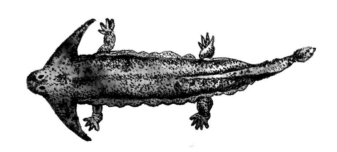

始虚骨龙

始虚骨龙属翼龙目，体长 40~50 cm。它瘦长的肋骨能够向外铰合形成一对皮质的翅膀，身体两侧具有折叠式的襟翼。一些现代蜥蜴的滑行方式和始虚骨龙是一个原理。这些动物都无法在空中停住或滞留短短几秒钟，因为它们的翅膀只向前下方一个方向滑行，所以它们不能拐弯和上下拍动翅膀。始虚骨龙是古生代二叠纪早期以昆虫等为食的一种能爬树、能滑翔飞行的爬行动物。

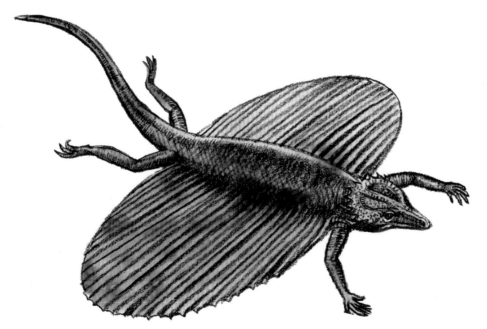

巨头螈

巨头螈体长约 40 cm，巨大的头与身体不成比例。它属于两栖爬行类动物，是古生代二叠纪时期的动物。

帆背龙

帆背龙属盘龙科，体长约 3 m。植食性动物。史前古生代最后一个时间段是二叠纪，那时地球上的大陆都连接在一起，形成了超级大陆，或者称为盘古大陆，早晚温差变化很大，早上或夜间为 0 ℃，而中午却超过 40 ℃。因此帆背龙那具骨质支柱支撑的背帆中午沐浴在阳光下吸收能量，用来调节这种变温动物——冷血动物的体温。

三、中生代动物

大约在 2 亿年前的三叠纪中期，地球上的早期恐龙已经出现，那时的地球大部分陆地均连在一起，恐龙和其他动物均在地球上漫游，几乎可以到达地球的任何地方。

最早的恐龙和其他爬行动物，如蜥蜴、鳄鱼等两栖动物共同分享着地球。当时，许多昆虫也出现了，像甲虫、蝗虫、蟑螂、蝴蝶、蜜蜂和黄蜂都在这个时期相继出现，和现今的昆虫很相似，只是比现在的昆虫大很多。

硕甲龟龙

硕甲龟龙体长约 0.6 m。其背和腹甲坚硬，是有效防御掠食者的武器。它以软体动物等为食。硕甲龟龙是中生代三叠纪时期生活在亚洲（中国）的水中爬行动物。

加利福尼亚鱼龙

加利福尼亚鱼龙体长约 3 m。史前古海洋爬行动物背上长有背鳍是很稀奇的，加利福尼亚鱼龙却破了这个先例。它改变了鱼龙目之前没有背鳍、尾鳍细小、身体更像蜥蜴的形象，更多地向鱼类方向进化，以小鱼、虾等为食。它看上去更像现代海洋中生活的海豚，已可以很好地适应海洋生活了。

加利福尼亚鱼龙生活在中生代三叠纪时期的北美洲。

幻 龙

幻龙体长约 4 m，身高约 0.4 m，体重约 5 kg。肉食性动物。幻龙是较早进入海洋的一批海生爬行动物，它们绝大部分时间生活在海水中，但偶尔也会爬到海岸边透透气、晒晒太阳，繁殖季节也会到海滩上产卵。

幻龙是中生代三叠纪时期生活在欧洲和亚洲海域，以鱼类、菊石和头足类动物为食的海洋爬行动物。

桨 龙

桨龙属蛇颈龙类，体长 4~5 m。由于其 4 个鳍状肢很像船桨，因此给它命名为桨龙。它是生存年代最早的一批水中爬行动物，其身体修长。桨龙是中生代三叠纪时期生活在欧洲，以鱼类为食的动物。

歌津鱼龙

　　歌津鱼龙属鱼龙目，体长约 3 m，以鱼类为食。它那流线型的身体上长有小小的尾鳍，游泳时会左右摇摆身体，以此推动身体前进。它牙齿小，所以它的猎物只能是一些小鱼。歌津鱼龙是中生代三叠纪时期生活在亚洲和北美洲海域的鱼龙。

湖北鳄

　　湖北鳄体长约 1 m，它是鱼龙的祖先，从外表看不像鱼龙而更像鳄。它的背部隆起呈驼背状。它的嘴很尖，是它捕食鱼类和水生无脊椎动物的有力武器。

　　湖北鳄是中生代三叠纪时期生活在亚洲（中国）的水生动物。

云贵龙

云贵龙处于幻龙类向蛇颈龙类进化的过渡期，它颈部很长，尾巴长长的像幻龙，四肢与蛇颈龙很相似。云贵龙是中生代三叠纪时期生活在亚洲（中国西南部）的以鱼类为食的肉食性动物。

长颈龙

长颈龙体长约 6 m，是有史以来最著名的脊椎动物之一。它头小，脖子的长度占身体全长近1/2。这么长的脖子肯定要影响它的行动和速度，可以推断，它动作笨拙，前进速度缓慢。它利用其超长的脖子在水中捕食鱼类，而身体根本不用下到水里去。长颈龙是中生代三叠纪时期生活在欧洲和中东地区以鱼类为食的大型水兽。

楯齿龙

楯齿龙体长约 2 m, 以介壳类动物和贝壳等为食。天敌是其他水生大型爬行动物和类似于鲨鱼的海洋兽类。栖息地为环绕南欧的海岸周围。它是中生代三叠纪晚期生活在亚洲和欧洲的爬行动物。

龟 龙

龟龙体长约 1 m, 以水生甲壳类动物为食。龟龙是中生代三叠纪中期生活在欧洲的海洋爬行动物。

色雷斯龙

　　色雷斯龙属幼龙目，体长约 3 m。它的身体呈细长的流线型，尾长且高度灵活，四肢有足蹼，头小，但口腔中长满了尖利的小牙，说明它为肉食性动物，以鱼为食。色雷斯龙是中生代三叠纪中期生活在欧洲的意大利、瑞士等地的海洋爬行动物。

游　龙

　　游龙属短龙类，体长约 3 m。它捕猎的方法是潜伏等待，等猎物靠近时发动突然袭击。菊石是水生软体动物，是游龙最喜欢的美食。游龙的骨骼化石是在西欧发现的。游龙生活在中生代三叠纪时期。

大板龙

　　大板龙是一种凶猛、可怕的原蜥脚类恐龙。短龙和蛇颈龙都有 4 只强有力的桨状鳍，它们的这种桨状鳍不仅能上下摆动，而且具有像水翼一样的稳定作用。它们在海洋中像企鹅一样穿梭洄游，并浮到水面换气，爬到岸上产卵。大板龙是中生代三叠纪时期生活在海洋中的野兽。

鳗　龙

　　鳗龙属蛇颈龙类。它有一个充满空气的肺，所以很容易在海中漂浮，但要想深潜海中并不易，它得像潜水员那样，加重体重才会下沉。鳗龙为了达到下潜的目的，就得吞下一些卵石。鳗龙以鱼类、头足类为食。

　　鳗龙是中生代三叠纪时期生活在地中海的海洋兽类。

巢湖龙

巢湖龙体长 0.7~1.7 m。它的鳍状肢和尾鳍都比较小，所以在水中游泳的速度不会很快，但它有一双大大的眼睛，能及时而准确地观察四周的情况，从而弥补自身行动缓慢的不足，帮助它采取措施避开天敌。巢湖龙是中生代三叠纪时期生活在亚洲（中国）的一种以鱼类为食的鱼龙类水兽。

砾甲龙

砾甲龙体长 1.8~2 m。它体型很大，头像甲鱼，脚上有蹼，便于划水游泳。砾甲龙是中生代三叠纪时期生活在欧洲海域以藤壶等软体动物为食的海洋生物。

初 龙

初龙强壮的后腿具有很好的弹跳力，它能跳起来捕食飞行中的昆虫。它是生活在中生代三叠纪时期的爬行动物。

狼面兽

狼面兽属合弓纲，体长约1 m。肉食性动物。它是一种类似于哺乳动物的爬行动物，是哺乳动物的远祖。狼面兽是中生代三叠纪时期生活在南非的一种爬行动物。

安顺龙

安顺龙体长最长可达3.5 m，以鱼类等为食。安顺龙是中生代三叠纪时期生活在亚洲（中国）海域的一种身体修长并具有长长的尾巴的水兽。

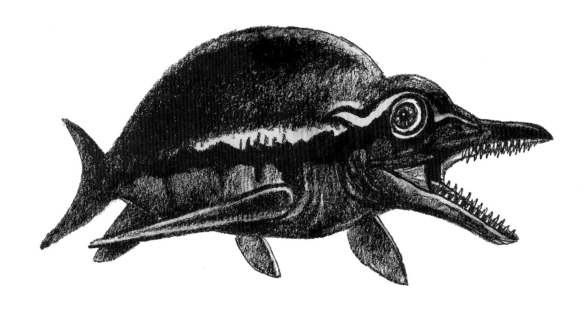

黔鱼龙

　　黔鱼龙属鱼龙目，体长 1.5~2.5 m。在 2.3 亿年前的中生代三叠纪时期，中国贵州还是一片汪洋大海的时候，黔鱼龙就生活在这个海域里，它以鱼和乌贼等为食。

贵州龙

　　贵州龙体长约 30 cm，以小型水生动物为食。它大部分时间都生活在水中，但偶尔也会爬到岸上休息一会儿。贵州龙是中生代三叠纪时期生活在亚洲（中国贵州）海口地带的小型爬行动物。

阿氏开普吐龙

阿氏开普吐龙属双孔类恐龙，体长约 2 m。它大部时间在海洋中度过，时常潜入深水中去寻觅猎物，只有在产卵时才会到陆地上。阿氏开普吐龙于中生代三叠纪中期生活在欧洲。

壳 龙

　　壳龙属蛇颈龙类，体长 2~4 m，以鱼类等为食。它头小，脖子和尾巴都很长，在水中游动速度很快。壳龙是中生代三叠纪时期生活在欧洲（瑞士）的一种水生爬行动物。

巨幻龙

　　巨幻龙属幻龙属，体长约 6 m，以鱼类为食。它是幻龙属中较大的物种，有的超级型巨幻龙个头甚至能超过 8 m。这种超级型巨幻龙的化石至今被发现的仍很少，所以人们对它的了解并不多。巨幻龙是中生代三叠纪时期生活在欧洲海洋中的一种爬行动物。

萨斯特鱼龙

　　萨斯特鱼龙属鱼龙目，体长约 8 m，最大的能达 23 m，以鱼、虾类动物为食。萨斯特鱼龙是中生代三叠纪时期生活在北美洲、欧洲和亚洲的一种海洋爬行动物。

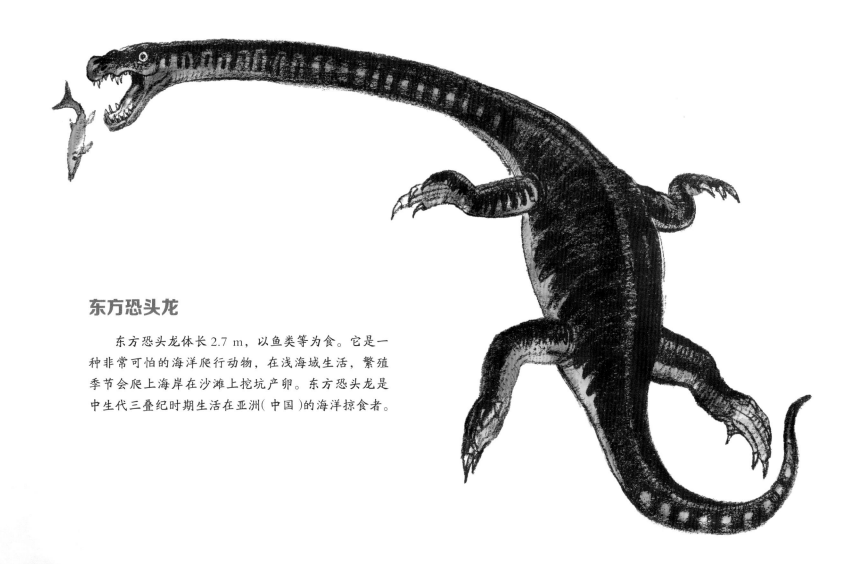

东方恐头龙

　　东方恐头龙体长 2.7 m，以鱼类等为食。它是一种非常可怕的海洋爬行动物，在浅海域生活，繁殖季节会爬上海岸在沙滩上挖坑产卵。东方恐头龙是中生代三叠纪时期生活在亚洲(中国)的海洋掠食者。

秀尼鱼龙

秀尼鱼龙是已知海洋中最大的鱼龙，其体型庞大，体长达 15 m，以鱼和头足类为食。

秀尼鱼龙与其他大多数鱼类不同，它的牙齿只长在长嘴的前缘。它的鳍长而窄，像划水的桨，可以使它在海洋中快速前进。它不产卵，而是胎生。秀尼鱼龙生活在中生代三叠纪时期。古生物学家在美国的内华达州发现了该鱼龙的遗骸化石。

皮氏吐龙

皮氏吐龙体长约 3 m，长着像鱼鳍一样形状的四肢，游泳能力强。它的长而窄的上下颌中布满了锋利的牙齿，十分有利于它在水中捕食猎物。这种水兽可能一生中的大部分时间都在海洋中度过。皮氏吐龙生活在中生代三叠纪中期的欧洲，距今已 2.2 亿年。

鸥 龙

鸥龙体长约 60 cm，以小鱼和虾为食。它长着细长的流线型身体和尾巴，很适合在水中生活。它的脚蹼小，不利于长时间游泳，所以它大部分时间都在岸边的浅水中活动。鸥龙是生活在中生代三叠纪时期的动物。

兔 鳄

兔鳄体长仅约 30 cm，属早期爬行动物。它可能是强大恐龙的近亲，因为其臀部和腿部的骨骼结构与恐龙很接近。它虽然体型很小，但却是个灵巧的野兽，能用长爪抓住猎物。兔鳄为中生代三叠纪中期的动物，分布于美洲大陆。

南漳龙

南漳龙体长约 1 m，以鱼类为食。它是鱼龙家族的祖先，其身体呈流线型，背部分布有骨质鳞甲，四肢呈鳍状，其外型界于鳄鱼和鱼龙之间。南漳龙是中生代三叠纪时期生活在亚洲（中国）的水兽。

纯信龙

纯信龙体长约 3 m，肉食性动物，以鱿鱼、乌贼和章鱼等为食。纯信龙是中生代三叠纪时期生活在欧洲海洋中的生物。

无齿龙

　　无齿龙属楯齿龙类，体长约 1 m，肉食性动物，以浅海中的软体动物及其他慢行动物为食。它在古海龟出现之前很久就存在了，它的背甲壳由数百片骨板构成，十分坚硬，它的嘴部钝圆，嘴内无任何牙齿。无齿龙是中生代三叠纪时期生活在欧洲海洋中的爬行动物。

盾 龙

盾龙为盾龟属,体长 0.9~1 m。其背甲较薄,呈长方形,上面覆盖着骨板,使它不易受到掠食者攻击。一旦受到攻击时,其四肢不能收缩到体内。它很善游泳,靠胎生繁殖,能从水中爬上陆地。盾龙是中生代三叠纪时期生活在欧洲海洋中的爬行动物。

贝萨诺鱼龙

　　贝萨诺鱼龙属鱼龙目，体长约 6 m，肉食性动物，主要以鱼类为食。它们是三叠纪时期海洋的主宰者和顶级掠食者之一，当时世界各地遍布海洋。贝萨诺鱼龙（发源于欧洲）是中生代三叠纪时期生活在世界各海洋中的动物。

喜马拉雅鱼龙

　　喜马拉雅鱼龙生活在中生代三叠纪晚期的海洋中。它的化石是在喜马拉雅山的珠穆朗玛峰地区发现的，它的体长比现在非洲最大的鳄鱼——尼罗鳄还要长 1 倍，达到 10 m。它是肉食性动物，是十分凶猛的海洋野兽。当时的喜马拉雅山是古地中海的一部分，喜马拉雅鱼龙的发现证实了当时喜马拉雅山周围是一片汪洋大海。

沙尼龙

沙尼龙体长 15 ~ 21 m，以鱼类为食，是中生代三叠纪时期海洋中最大的动物之一。它有一条像鱼一样的尾巴，游动时可使它更加有力量，还有 4 条鳍状肢。它的长而窄的上下颌，只在前半部长有牙齿。沙尼龙一生都在海洋中生活。

长颈龙

加斯马吐龙

　　加斯马吐龙体长约 2 m，属早期爬行动物，其习性更接近现代的鳄。它既能在陆地上爬行，又能在长尾的帮助下游泳，它大部分时间都在水中度过。它以鱼类为食，其上下颌中长满了锋利而弯曲的牙齿。加斯马吐龙是中生代三叠纪早期的动物。

铁沁鳄

　　铁沁鳄体长约 3 m，属早期爬行动物。它的身体长而细，背部和尾部披挂着骨质甲片，看上去虽像长腿鳄鱼，但实际生活在陆地上，靠捕食陆地上的动物生存。铁沁鳄是中生代三叠纪中期的动物，分布于欧洲。

混鱼龙

　　混鱼龙体长约 1 m，属海洋爬行动物。它全身光滑，背部有鳍，四肢像桨一样，常年巡游在海洋中以捕鱼为生。混鱼龙于中生代三叠纪中期生活在世界各地。

板 龙

　　板龙属原蜥脚类恐龙，体长约 8 m。植食性动物。它是地球上最早出现的巨型素食恐龙，可以用后腿站起来，够到苏铁和针叶树高处的树叶。它平时四肢着地，喜欢成群活动，共同穿越欧洲的沙漠地区，去寻找食物充足的绿洲。它们比更庞大的蜥脚类恐龙生存的年代要早得多。板龙不是在穿越沙漠时，因缺水或被沙尘暴埋葬而死，就是被突发性洪水淹没而死。板龙在欧洲是最常见的恐龙。它们生活在中生代三叠纪晚期。它的遗骸化石是在法国、瑞士和德国被发现的。

腔骨龙

腔骨龙是一种跑动迅速、凶残的野兽，它们成群猎杀体型比它们大得多的动物。腔骨龙出现在中生代三叠纪时期的北美洲。

兴义欧龙

　　兴义欧龙体长约 0.7 m，以鱼类为食。它是第一种在中国发现的欧龙，看起来很像蜥蜴，脖子和尾巴都很长，但是很灵活。兴义欧龙的化石被发现于中国贵州省的兴义市，中生代时这里是广阔的海洋。兴义欧龙是中生代三叠纪时期生活在亚洲（中国贵州）海洋中的水兽。

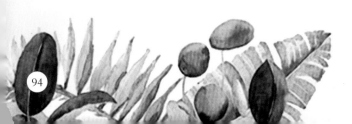

中国豆齿龙

中国豆齿龙体长约 50 cm，以软体动物为食。它看上去很像乌龟，但它们完全不是一种动物。中国豆齿龙很奇特，即使在豆齿龙家族中，它们也是另类。它只有一块背甲，前肢上也没有甲片。

中国豆齿龙是中生代三叠纪时期生活在亚洲（中国）的一种小型爬行动物。

锹鳞龙

　　锹鳞龙体长约 3 m，植食性动物，以马尾草、苏铁植物和蕨类植物为食，是一种动作迟缓、笨重的陆地动物。其厚重的骨质甲片覆盖着身体，可以使它免遭食肉动物的袭击。锹鳞龙生活于中生代三叠纪晚期的欧洲。

鸟 鳄

　　鸟鳄体长约 4 m，属早期爬行动物。鸟鳄是一种异常凶猛的食肉野兽，它既能四肢着地，又能用后腿走路。鸟鳄生活于中生代三叠纪晚期的欧洲。

异平齿龙

异平齿龙属鼻嗉龙，是早期爬行动物，体长约 1.2 m，是一种以植物为食的动物。它牙齿健壮，咬碎植物较轻松。到了三叠纪末期这种动物及其食物链（有籽蕨类植物）一起灭绝。异平齿龙于中生代三叠纪晚期生活在欧洲。

陆 鳄

陆鳄体长约 50 cm，以昆虫和小蜥蜴为食。陆鳄是当时陆地上的快跑能手，能在干燥的三叠纪大陆上全速奔跑。陆鳄生活于中生代三叠纪晚期的欧洲。

副细颚龙

　　副细颚龙属虚骨龙科，体长约 1.2 m，肉食性动物。它是一种动作迅速而活跃的捕猎其他动物的野兽，能成群结队地追捕蜥蜴和昆虫类动物。它后肢长，奔跑速度快，长长的尾巴能保持身体平衡。副细颚龙是中生代三叠纪时期一种生活在欧洲的动物。

埃里乔拉氏蜓

　　埃里乔拉氏蜓体长约 20 cm，肉食性动物。它在细小的牙齿和敏捷的动作的帮助下，可捕食空中的昆虫。埃里乔拉氏蜓是中生代三叠纪时期生活在欧洲的小型爬行动物。

高冠颌龙

高冠颌龙属原始爬行动物，体长约 33 cm，仅为蜥蜴大小。植食性动物。它头部的尖刺用来抵御天敌的袭击。高冠颌龙是中生代三叠纪晚期动物，分布于北美洲。

巨椎龙

巨椎龙体长约 4 m，以植物为食。它长长的脖子能将头伸到树的高处去吃枝叶，它的前爪很大，并且每个爪的指尖都又长又弯。巨椎龙是中生代三叠纪晚期动物，分布于北美洲。

伊斯基瓜拉斯托兽

伊斯基瓜拉斯托兽是早期兽类，植食性动物。其体型较大，与河马不相上下，行动缓慢，嘴呈钩状。伊斯基瓜拉斯托兽生活于中生代三叠纪时期。

滑翔蜥

滑翔蜥属蜥蜴目，体长约 60 cm。肉食性动物。它很擅长爬树，能借助一双皮膜形成的翅膀在树间滑翔。它的翼膜长在前后肢之间，从身体两侧伸展开来，由翼肋支撑。滑翔蜥生活在中生代三叠纪晚期的欧洲。

合踝龙

合踝龙属小型肉食性恐龙。它是生活在中生代三叠纪时期的早期恐龙，它的化石最早是在 1969 年的南非被发现的，后来在美国亚利桑那州，科学家又发现了一个保存完好的合踝龙头颅。

长鳞龙

长鳞龙体长约 15 cm。它拥有蜥蜴似的身体结构，后背有两排看上去像羽毛的结构。长鳞龙生活于中生代三叠纪晚期，栖息于亚洲的土耳其。

自从 1969 年人们发现它的化石后，专家们对它就一直争论不休。如果它背上两排真是羽毛的话，即可断定这种动物就是鸟类的直系祖先，而且它很可能还会飞翔。但多数学者对此观点并不认可，他们认为长鳞龙身上像是羽毛的结构实际上是长鳞。它们可能以昆虫为食。

蛴 鳄

　　蛴鳄体长约 7 m，重达 2 t，是中生代三叠纪晚期最大的肉食动物之一。它生活于南美洲的阿根廷，仅头部就约有 1 m 长，它的牙齿像鳄鱼，如剃刀般锋利，能从猎物身上撕下大块的肉。虽然它并非恐龙，但却和霸王龙及其他掠食者有着惊人的相似之处，如双颚及牙齿的形状，以及四肢的排列方式。

舟爪龙

　　舟爪龙体长约 2 m。它是一种典型的喙龙科动物，有獠牙和极不寻常的牙齿。舟爪龙是中生代三叠纪中期生活于南美洲巴西的一种植食性动物。除澳大利亚外，各大陆均有喙龙科动物化石被发现。

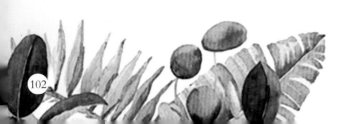

兔蜥龙

兔蜥龙是生活于中生代三叠纪时期的小型动物,只有一只成年公鸡那么大,但比鸡瘦。这个小东西是恐龙的近亲。它长有细长的四肢,靠趾尖站立,动作灵活迅速。

马拉鳄龙

马拉鳄龙是生活于中生代三叠纪时期的小型动物,体长仅 40 cm。它长有坚如细针的牙齿,是一种小型、动作灵活的掠食者,以捕食蜥蜴、昆虫等小型动物为主,是小型肉食性动物。

皮萨诺龙

皮萨诺龙属鸟臀目恐龙，属异齿龙科，体长约 1 m。它是史前的初期恐龙，是禽龙的祖先。该龙的遗骸化石于 20 世纪 60 年代被发现。皮萨诺龙是中生代三叠纪晚期生活在南美洲（阿根廷）的一种小型植食性恐龙。

农神龙

农神龙原属蜥脚类恐龙，体长约 1.5 m，是最原始的蜥脚类恐龙。可以说它是蜥脚类恐龙的祖先。与它的体型巨大的后代相比，它是个小不点儿，整个体长还不及其后代的脖子长。农神龙是中生代三叠纪时期生活在南美洲（巴西）的一种小型植食性动物。

始盗龙（最早的掠食者）

始盗龙属兽脚亚目，体长约 1 m。肉食性动物，以小动物和昆虫等为食。始盗龙是目前人类所知最古老的恐龙，像它的祖先一样，有 5 个"手指"，其中两个非常小，而后期的肉食恐龙只有 3 个甚至 2 个"手指"。始盗龙虽然是小型恐龙，但它的行动非常灵活，性情非常凶猛。它的天敌是体型庞大的陆生劳氏鳄目猛兽。始盗龙于距今 2.28 亿年前的中生代三叠纪中期生活在南美洲的阿根廷。

陆鳄龙

陆鳄龙属极小型的恐龙，身体只有松鼠那么大，生活在 2.2 亿年前的中生代三叠纪时期。

肯齿兽

肯齿兽也称为二齿，属兽孔类爬行动物。肯齿兽属大型且重体型动物，体长大约有 3 m，比现在马的体长还要长，与河马差不多。植食性动物。它以树根和树叶为食，强有力的角质喙能把植物撕碎。人们在亚洲、非洲和南美洲都发现了这种动物的化石。它生活在中生代三叠纪时期，这种巨大的爬行动物统治着三叠纪时期的地球。

理理恩龙

　　理理恩龙属腔骨龙科,是原始的兽脚类恐龙,肉食性动物。理理恩龙非常聪明,它们常常几只组成一小群,隐藏在河岸边的树丛中对庞然大物——板龙发起攻击。它的一个致命弱点是头上有2片很薄的脊冠,一旦在打斗中被折断,就会因剧痛而逃走。理理恩龙是中生代三叠纪晚期生活在欧洲(德国、法国)河岸丛林中的掠食者。

并合踝龙

　　并合踝龙体长约 3 m,体重约 32 kg。它是一种十分凶猛的小型兽类。它眼睛大似灯泡,可能善于夜间活动;牙齿小而锋利,以鱼类、小型爬行动物及小型同类为食。

　　并合踝龙是中生代三叠纪晚期生活在非洲(津巴布韦)的河岸和林地地带的一种掠食者。

小鸟龙

    小鸟龙身高约2m，属小型肉食性恐龙。它奔跑速度快，会用前肢尖利的爪捕捉蜥蜴和其他一些小动物为食。小鸟龙是中生代三叠纪时期生活在北美洲美国地区的一种小型恐龙。

联踝龙

联踝龙属肉食性恐龙，依靠它惊人的速度和锐利的视觉来捕猎。联踝龙是中生代三叠纪时期出现的动物。

旱 龙

旱龙是中生代三叠纪时期出现的动物，在当时茂密的森林中过着群居生活。

美颌龙

美颌龙是最小型恐龙之一，体长约 1.4 m，高约 0.4 m，重约 4 kg，大小如同今天的家猫。属小型肉食性恐龙。它是中生代三叠纪时期出现的小型恐龙。

宽额蜥

宽额蜥是中生代三叠纪时期的爬行动物，体长约 3 m。宽额蜥是生活在北美洲沙漠中的两栖动物。

亚利桑那龙

亚利桑那龙属劳氏鳄目，体长约 3 m。肉食性动物。它看上去和较早时期的基龙很相似，因为它们的背部都有一个帆状物。实际上这两种恐龙并没有太近的亲缘关系，只不过是生活方式有些相似。它们不像鳄鱼那样爬行，而是像犬类那样走路。它背上的帆状物能使它在寒冷的早晨聚集热量，这使它比那些迟钝的动物的动作更灵敏、快捷。

亚利桑那龙是 2.3 亿年前中生代三叠纪时期的动物，生活于美国亚利桑那州。

股薄鳄

股薄鳄体长约 30 cm，是生活在陆上的早期鳄鱼，能用两条长的后腿快速奔跑，以小型蜥蜴为食。股薄鳄是中生代三叠纪中期动物，生活于北美洲。

舟椎龙

舟椎龙属于鱼龙，体长约 10 m。肉食性动物，主要食物是鱼类。它的背部、尾部没有鳍，但它有桨状四肢。它一生都在水中度过，在海中繁殖后代。舟椎龙是中生代三叠纪中期动物，生活于美洲。

三尖叉齿兽

三尖叉齿兽体长约 50 cm。肉食性动物。它四肢强壮，能迅速追逐捕食其他动物。三尖叉齿兽于中生代三叠纪时期生活在非洲。

巨颌鳄

巨颌鳄属犬齿类动物，体长不到半米。植食性动物。虽然它是爬行动物，但看上去却像哺乳动物。巨颌鳄是中生代三叠纪中期动物，生活在南、北美洲。

十字龙

十字龙喜聚群活动，集体捕食，属肉食性动物，是生活在 2.2 亿年前中生代三叠纪时期的早期恐龙。

云南龙

云南龙是禄丰龙的近亲，体长约 7 m。植食性恐龙。它体型庞大，其勺状牙齿说明它与晚期蜥脚亚目恐龙的关系很亲密。云南龙是中生代三叠纪晚期、侏罗纪早期的爬行动物，生活在中国云南。

沙洛维龙

沙洛维龙体长约 3 m。它是最早的能够飞行的脊椎动物之一，可以在树丛间由高处向低处自由飞翔。它拥有巨大的皮膜式后翅和一对较小的前翅。沙洛维龙是中生代三叠纪中期一种能够飞翔的恐龙。它的骨骼化石于 20 世纪 70 年代被发现。

古 鳄

古鳄最大体长约 3 m。它大部分时间都生活在水中，以鱼类等为食。它是祖龙中发现最早、骨架最完整的古龙（古鳄）。古鳄生活于中生代三叠纪中期欧洲的德国和亚洲的以色列。

当弯龙

当弯龙属植食性恐龙，当它被食肉恐龙追捕时，只会用两条后腿奔跑。当弯龙是约 2.25 亿年前，生活在中生代三叠纪时期的动物。

跳　龙

跳龙是一种弹跳力很强的肉食性恐龙，它是生活于中生代三叠纪时期的野兽。

派克鳄

　　派克鳄属祖龙科，体长约 60 cm。肉食性动物。它表面看去像是小型的鳄鱼，颌骨上长满了凶残的牙齿，背部有一系列骨质鳞片。派克鳄于中生代三叠纪晚期生活在非洲（南非）。

有角鳄

　　有角鳄类别为雕龙（有甲片的爬行动物），体长约 5 m。植食性动物。它长在肩部的巨大壳针足有 45 cm 长，覆盖全身的骨质甲片是它免遭其他食肉恐龙袭击的有效防御武器。有角鳄以植物为食，主食苏铁植物和蕨类植物。有角鳄是中生代三叠纪晚期生活在北美洲的动物。

水龙兽

　　水龙兽也称二齿兽，体长约 1 m。植食性动物。水龙兽是中生代早三叠纪时期生活在非洲（南非）、亚洲（中国、印度）、欧洲（俄罗斯）、南极洲的一种爬行动物。20 世纪 60 年代，人们在南极洲发现了它的化石。其分布之广证实了在三叠纪时期，印度板块和所有南部板块为一个大陆板块。

莱森龙

　　莱森龙属蜥脚类恐龙，体长约 10 m。植食性动物。当蜥脚类恐龙从近 9 m 长的原蜥脚类恐龙演化出来时，恐龙才开始长成真正的庞然大物。原蜥脚类恐龙有时还能用两条后腿站立，但后来新兴的巨型恐龙因实在太重，已无法用两条后腿战立了。蜥脚类恐龙在进化中脖子和尾巴越来越长。莱森龙是迄今发现的最早的蜥脚类恐龙。它是中生代三叠纪早期生活在南美洲（阿根廷）的超级巨兽。

里奥哈龙

　　里奥哈龙属蜥脚类恐龙，体长约 11 m，属巨型植食性恐龙。它的颈部和尾巴又细又长。里奥哈龙生活于中生代三叠纪时期（距今 2.25 亿年前）的南美洲阿根廷。它的骨骼化石被发现时只有一个头骨和一副并不完整的骨骼残骸。

黑瑞龙

  黑瑞龙是古老的恐龙之一，身高有约 3 m。它属早期恐龙，肉食性野兽。它用两条腿走路，奔跑速度快，猎杀捕食那些植食性恐龙。黑瑞龙生活的年代是中生代的三叠纪中期（距今有 2.3 亿年）。

鸸鹋龙

  鸸鹋龙长着鸟一样的尖喙，强健的后腿跑起来速度很快。它出现在中生代三叠纪时期。

虚形龙

虚形龙体长约 3 m。肉食性动物。它是中生代三叠纪晚期生活在北美洲的一种小型凶猛野兽。

盾齿龙

盾齿龙是中生代三叠纪早期的海洋爬行动物，体长 2 m，它以海洋贝类等为食。

引 鳄

引鳄属初龙类，体长约 4.5 m。肉食性动物，以其他爬行动物为食。它是一种个头大但很笨拙的食肉野兽，猎食时，它用强有力的上下颌咬住猎物，再用锋利的牙齿将其撕碎。引鳄是生活于中生代三叠纪早期陆地上较大的食肉猛兽之一。

埃雷拉龙

埃雷拉龙属兽脚亚目恐龙，体长约 3 m，重约 200 kg，是较早的肉食性动物之一。它用后腿走路和奔跑，以中小型植食性恐龙为食。埃雷拉龙生活在 2.25 亿年前的中生代三叠纪时期。

恐齿龙兽

恐齿龙兽是一种巨大的爬行动物，植食性动物。它们体形浑圆又笨重，有着尖尖的骨质颌和两颗巨大的牙齿，它们用这两颗牙齿摄取食物。其口鼻前端有一个角状的喙，可以帮助它们撕碎植物。恐齿龙兽生活在中生代三叠纪时期。

犬颌兽

犬颌兽属犬齿兽类，体长约 1 m。它是一种体格健壮又矮胖的凶猛野兽，脑袋大，上下颌强有力，牙齿锋利，有惊人的攻击能力。犬颌兽属中生代三叠纪早期爬行动物，生活在非洲。

正双形齿翼龙

正双形齿翼龙翼展达 75 cm，是会飞的爬行动物。像所有会飞行的爬行动物一样，正双形齿翼龙前后肢之间的皮膜形成翅膀可在空中飞行，并能敏锐地发现飞行中的昆虫和水中游动的鱼。正双形齿翼龙于中生代三叠纪晚期生活在欧洲。

索德斯龙

索德斯龙翼展约 45 cm。这种翼龙长着厚实的皮毛，用来保持体温。索德斯龙出现于中生代三叠纪晚期的亚洲。考古学家在亚洲发现了它的化石。

萨天翼龙

萨天翼龙体长约 60 cm，以昆虫等为食。萨天翼龙是中生代三叠纪时期生活在欧洲（意大利）的一种翼龙。

莱提亚翼龙

　　莱提亚翼龙翼展约 1.4 m。肉食性动物。莱提亚翼龙是中生代三叠纪时期生活在欧洲（瑞士）的一种以捕食鱼类为生的翼龙。

孔颌翼龙

孔颌翼龙的骸骨化石是在瑞士被发现的，数量稀少，十分珍贵。它的脑袋大，眼睛大，牙齿锋利，以鱼类为食。孔颌翼龙是中生代三叠纪时期生活在欧洲南部的一种翼龙。

奥地利翼龙

奥地利翼龙属喙嘴翼龙亚目，体长 1 m，翼展 1.5~2 m。肉食性动物。它那长长的尾端上的菱形骨片，就像现代飞机上的尾翼，是它的华丽的"方向盘"，它那绚丽的头冠可以吸引异性的到来。奥地利翼龙是中生代三叠纪时期生活在欧洲（奥地利）的一种翼龙。

卡尼亚翼龙

卡尼亚翼龙翼展约 1 m，以昆虫为食。它的形态并不美观，脑袋大，尾巴长，身体瘦。卡尼亚翼龙是中生代三叠纪时期生活在欧洲（意大利）的一种翼龙。

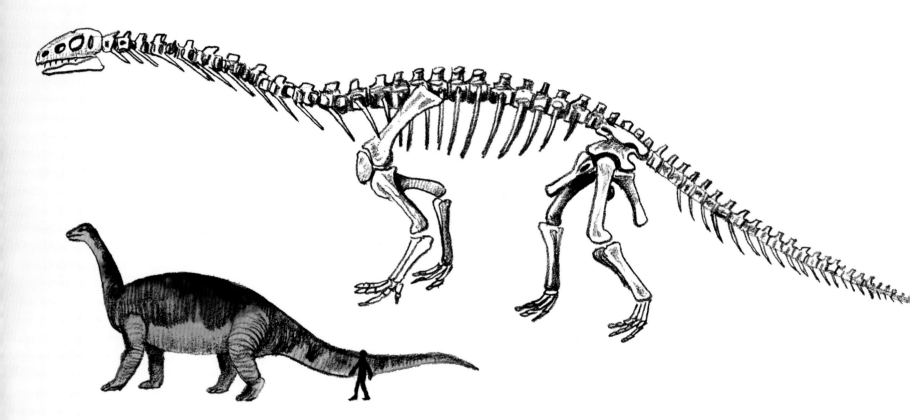

里约龙

里约龙属原蜥脚类恐龙，体长 12~15 m。植食性动物。它用四肢走路，与大椎龙、板龙和鼠龙同属一类，但它的体型比前两者更庞大。里约龙生活在距今 2.1 亿 ~ 1.9 亿年前的中生代三叠纪晚期和侏罗纪早期的南美洲阿根廷。

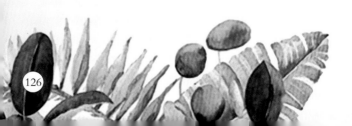

秀颌龙

　　秀颌龙小巧玲珑，体长约 0.6~1.4 m，体重只有 3 kg，重量与成年鸡差不多。它拥有修长的后肢，脚上长有 3 个脚趾。它以蜥蜴等为食，在食物短缺时甚至会自相残杀。秀颌龙是中生代侏罗纪晚期生活在欧洲（德国、法国）的小型动物。

迷惑龙

　　迷惑龙属蜥脚类恐龙，体长约 25 m，体重可达 30 t，比梁龙要重得多。它的脖颈相当灵活，抬起来能达到距地面 5 m 高，它会用尾巴和前肢来保护自己。迷惑龙是中生代晚侏罗纪时期生活在北美洲（美国）的一种植食性恐龙。

原角鼻龙

　　原角鼻龙体长约 4 m，体重约 100 kg，属小型恐龙。它最典型的特征是口鼻上长有犄角，是一个奔跑速度很快的掠食者。原角鼻龙是中生代侏罗纪中期生活在欧洲（英国）的动物。

始秀颌龙

滑肋龙

滑肋龙是海洋爬行动物，肉食性动物，以鱼类为食，牙齿锋利，两侧夹鳍。滑肋龙是中生代侏罗纪时期的爬行动物。

完 龙

完龙是一种生活在水中的杂食性爬行动物。它是中生代侏罗纪时期的动物。

地 龙

地龙长相很像鳄鱼，并有桨一样的鳍，肉食性动物，生活在水中。地龙是中生代侏罗纪时期的爬行动物。

菱狮龙

菱狮龙的体型有现在生活在海洋中的虎鲸那么大，是十分凶猛的海洋食肉动物。菱狮龙是中生代侏罗纪时期动物。

侧肋龙

侧肋龙是一种掠食性肉食爬行动物。侧肋龙是中生代侏罗纪时期的爬行动物。

真鲨龙

真鲨龙那长长的上颚长满了锋利的牙齿，生活在水中，是凶猛的肉食性动物。真鲨龙是中生代侏罗纪时期的水生动物。

异齿龙

异齿龙属肉食类爬行恐龙，背上长着骨质长刺，支撑和连接着巨大的帆，可能是为了调节体温而生长的。它的牙齿内外交错且十分锋利，主要以小型兽类和大的昆虫为食。异齿龙是生活在中生代侏罗纪时期的爬行动物。

中华盗龙

中华盗龙体长 7~9 m，高约 4 m，体重 2~3 t。中华盗龙是科学家在挖掘工地附近的小山坡上偶然发现的。他们将中华盗龙的化石骨骼挖掘出来后，发现它很完整，是一具很难得的化石。中华盗龙是中生代侏罗纪时期生活在亚洲（中国）的一种肉食性猛兽。

双脊龙

　　双脊龙属虚骨龙类，体长约 6 m，体重约 0.5 t。它块头大，身体很强壮，用前后爪捕获猎物，但因为牙齿很脆弱，咬不死猎物，所以它只能吃那些其他大型凶猛恐龙吃剩的猎物。它的头部长着一对薄薄的顶饰——头冠，形状像半月，头冠中间有道沟。世界首具双脊龙骨骼化石是由古生物学家塞缪尔·威尔斯于 1942 年在美国的亚利桑那州发现的。双脊龙生活于 2.05 亿年前中生代侏罗纪早期的美国亚利桑那州。

异特龙

异特龙，又名跃龙或异龙。异特龙是种中型的二足、肉食性恐龙，身长约 12.4 m。异特龙长着一个强壮的颈部和大脑袋，其强有力的上下颌中长着数万只锋利的牙齿，可轻易地将倒地的猎物撕成碎块。它们成群结队地猎食其他动物，甚至可将巨大的草食性恐龙，如虚幻龙和梁龙击倒而食之。自 1877 年被奥塞内尔·查利斯·马什命名以来，许多被归类于异特龙属的只有少数被认为是有效种类。异特龙属肉食性恐龙，是中生代侏罗纪晚期生活在北美洲的一种大型猛兽。

四川龙

　　四川龙与小型异特龙较为相似，成年龙体长约 7 m，体重 100~150 kg。肉食性动物。最特别之处在于它的牙齿：前面的牙齿凸度大，前缘锯齿深可直达齿冠基部，并向舌面严重弯曲。四川龙是中生代侏罗纪晚期生活在中国四川一带河岸的一种恐龙。

食蜥王龙

　　食蜥王龙属异特龙科，成年食蜥王龙体长约 15 m，体重达 3 t。肉食性动物。它是中生代侏罗纪晚期生活在北美洲（美国）的一种凶猛恐龙。其化石发现于美国新墨西哥州和俄克拉何马州的莫里逊组最晚层。

伊拉夫罗龙

　　伊拉夫罗龙属于鸵鸟恐龙一类，体长约 3.5 m。人们发现这种恐龙化石是在非洲坦桑尼亚著名的亚丹达古鲁的恐龙地床。从 1908 年至 1912 年，人们在该地床中共挖掘出土 250 t 恐龙骨骼化石。伊拉夫罗龙是中生代侏罗纪晚期动物，生活在非洲。

大 龙

　　大龙是最早被考古生物学家命名的恐龙，属大型肉食性恐龙，体长达 9 m。它是一种庞大而凶残的野兽，头大，牙齿弯曲且锋利，强有力的颌骨咬猎物的肉就像切牛排的利刃。大龙是中生代侏罗纪晚期动物，生活在欧洲。

五彩冠龙

　　五彩冠龙属兽脚亚目，体长约 3 m。其显著特征是头上有个红色冠状物，身披羽毛类装束，身上的羽毛或毛发可以帮助五彩冠龙调节体温，应是恒温动物。它是体型巨大、凶残至极的霸王龙的早期亲属之一，以小恐龙及爬行动物为食。五彩冠龙生活于中生代侏罗纪晚期的中国。

神怪龙

神怪龙属蜥脚类恐龙,体长约17 m,比雷龙小些,其身高是人类的3倍。植食性动物。神怪龙生活在中生代侏罗纪时期的澳大利亚,其化石是古生物学家1924年在昆士兰发现的。

安琪龙

安琪龙体长2 m,以植物为食,长脖子能帮助它取食树上的叶子。安琪龙是中生代侏罗纪早期出现的动物。

似鸵龙

弯 龙

弯龙属鸟脚类恐龙，体长约 6 m，以植物为食。它是强大的禽龙的近亲，身体笨重，行走缓慢，常将后腿直立起来观望四周，以防天敌的袭击。弯龙是中生代侏罗纪晚期生活在欧洲的恐龙。

踝 龙

踝龙属甲龙类恐龙，体长约 4 m，以植物为食。甲龙类恐龙共同特点：一是绝大多数吃植物；二是全身布满了防御食肉猛兽袭击的骨质厚甲。它有强壮的四肢，多以四肢走路。踝龙于中生代侏罗纪早期生活在北美洲。

盘古龙

盘古龙属蜥脚类恐龙，体长约 15 m，体重 15~20 t。植食性动物。它有一个长颈，可以吃到冷杉树高处的树枝，吃得满嘴都是针状树叶后，才满足地把头调开。盘古龙是中生代侏罗纪时期生活在亚洲（中国）的史前动物。

重 龙

重龙属梁龙科恐龙，体长约 27 m，体重大约有 40 t。植食性恐龙。它的体态和身体结构与梁龙大致相似，都有着很长的脖颈。它是梁龙科最普遍的物种。重龙是中生代侏罗纪晚期生活在北美洲和非洲的动物。

华阳龙

华阳龙是剑龙的一种，体长 4~5 m。植食性恐龙。它与锐龙很相似，但骨质板和脊骨的形状有所不同。它可能是在中国自贡发现的史前动物气龙的猎物。华阳龙是中生代侏罗纪中期生活在中国的恐龙。它是 1972 年被中国的一家天然气公司发现的。现在中国的自贡已成为永久性的"恐龙博物馆"。

巨脚龙

巨脚龙最长体长约 18 m，是目前发现的最古老的蜥脚类恐龙，植食性恐龙。其庞大的体型比鲸龙还要重。一些科学家将这种动物单独归于一个非常原始的蜥脚类——火山齿龙科。巨脚龙生活于中生代侏罗纪时期的印度。

蜀　龙

蜀龙体长约 10 m，植食性恐龙。它尾巴尖端呈棒状，是用来对付掠夺者的有效武器。蜀龙生活于中生代侏罗纪中期的中国。它是比较小的蜥脚龙，它们的化石被发现于 1997 年。蜀龙是中国当代著名古生物学者董志明在中国四川大山铺发现的，从 1973~2009 年的 36 年间，他给 26 种挖掘出来的新恐龙命了名。

峨眉龙

峨眉龙属鲸龙科，最大体长约 20 m。植食性动物。峨眉龙生活于中生代侏罗纪晚期的中国四川。于 1939 年获得鉴定，因其化石发现地峨眉山而得名，属蜥脚龙类恐龙。

宣汉龙

宣汉龙属兽脚亚目，体长约 6 m。肉食性恐龙。宣汉龙的前肢不是用来走路的，而是用来帮助捕捉猎物的。它的捕食对象可能是其他体型比较小的植食性恐龙。宣汉龙是中生代侏罗纪晚期生活在中国的恐龙。

晓　龙

晓龙是一种小型植食性恐龙。晓龙的化石人们只发现了牙齿和一些散骨，至今也未找到完整的骨骼化石。它可能与南美洲的莱索托龙有亲缘关系。晓龙是中生代侏罗纪晚期生活在中国的一种小型恐龙。

气 龙

气龙的化石是我国一个调查天然气的工程队在四川省自贡市大山铺首先发现并命名的。气龙的骨骼强壮得令人恐怖，它们在捕猎时只需用撞击法，就能将猎物杀死。气龙是中生代侏罗纪中期生活在中国四川的一种凶猛野兽。

腿 龙

　　腿龙属甲龙科，体长约 4 m。植食性恐龙。它四肢较短，跑得不快。它的皮肤（特别是颈部和背部）上有很多小骨质板，是为防御掠食者袭击的。腿龙于中生代侏罗纪时期生活在欧洲的英国。

上 龙

　　上龙体长 2~10 m，是一种生活在海洋中的肉食性猛兽。其体型比滑齿龙要小，捕到猎物后，因缺氧，需马上呼吸，因此它常常捕获猎物后跑向海面，以便借机呼吸新鲜空气。

　　上龙是中生代侏罗纪晚期生活在海洋中的一种动物。

超 龙

超龙属蜥脚类，植食性恐龙。其最大体长约42 m，体重可达50 t，抬起头来身高约15 m。它的四条腿像柱子一样粗壮，可谓是巨龙中的巨龙，是地球曾经出现过的最大陆生动物之一。超龙于中生代侏罗纪晚期生活在美国科罗拉多州。

科研人员于1972年在美国科罗拉多州的莫里逊组岩层中发现了这种庞然大物的第一具化石。

巨超龙

巨超龙属蜥脚类，体长约30 m，体重在50 t左右。植食性恐龙。1979年在发现超龙的同一个地方，人们发现了巨超龙的首具遗骸。之所以要用巨超龙这个不寻常的名字，是因为同一个名字不能同时给两种不同的物种使用。巨超龙是中生代侏罗纪晚期生活在美国的动物。

地震龙

地震龙属蜥脚类恐龙，体长约50 m，体重达30 t。植食性动物。地震龙的意思是"使大地震动的蜥蜴"，它的头比一般的梁龙科恐龙要小。地震龙于中生代侏罗纪晚期生活在北美洲（美国的新墨西哥州）。

离片齿龙

　　离片齿龙体长约 9 m。这种动物巡游在温暖的浅水中，捕食大型鱿鱼和其他动物。它巨大的鳍上下摆动如同巨大的推进器，可帮助它快速游动。离片齿龙是中生代侏罗纪早期动物。

地蜥鳄

地蜥鳄体长约 3 m，以鱼和枪乌鱼为食。它一生都在海洋中度过，四肢末端呈桨状，并且尾上有鳍，但身上没有陆地鳄身上那样的甲片。地蜥鳄于中生代侏罗纪晚期生活在欧洲。

狭翼龙

狭翼龙体长 2 ~ 4 m，听力和视觉都很敏锐，以鱼类、头足类及其他海洋动物为食，是快速、敏捷的游泳高手，每小时可游 100 km。狭翼龙于中生代侏罗纪晚期生活在英国、德国、法国及南美洲阿根廷的海洋中。

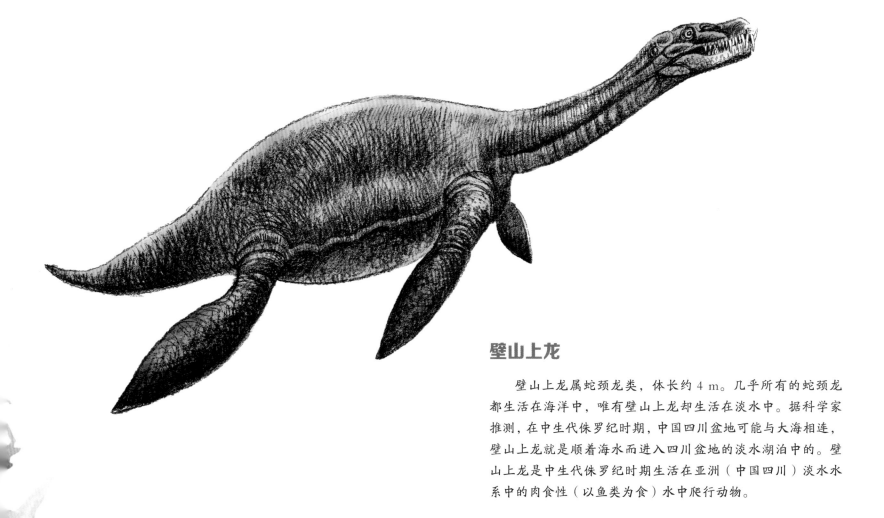

壁山上龙

壁山上龙属蛇颈龙类，体长约 4 m。几乎所有的蛇颈龙都生活在海洋中，唯有壁山上龙却生活在淡水中。据科学家推测，在中生代侏罗纪时期，中国四川盆地可能与大海相连，壁山上龙就是顺着海水而进入四川盆地的淡水湖泊中的。壁山上龙是中生代侏罗纪时期生活在亚洲（中国四川）淡水水系中的肉食性（以鱼类为食）水中爬行动物。

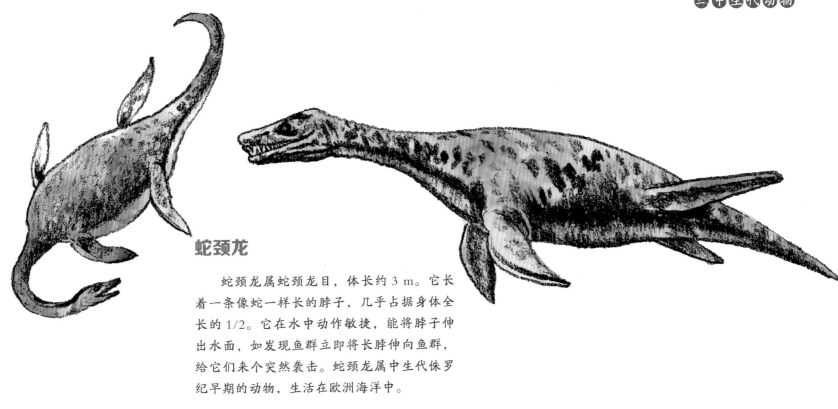

蛇颈龙

　　蛇颈龙属蛇颈龙目，体长约 3 m。它长着一条像蛇一样长的脖子，几乎占据身体全长的 1/2。它在水中动作敏捷，能将脖子伸出水面，如发现鱼群立即将长脖伸向鱼群，给它们来个突然袭击。蛇颈龙属中生代侏罗纪早期的动物，生活在欧洲海洋中。

准噶尔鳄

　　准噶尔鳄体长近 1 m，是现代鳄的远祖。但它与现代鳄相反，现代鳄贴着地面匍匐前进，四肢较短，而准噶尔鳄四肢较长，站在地面上很高，奔跑速度快，与现代鳄行动缓慢形成巨大反差。准噶尔鳄是中生代侏罗纪时期生活在亚洲（中国）的一种肉食性兽类。

渝州上龙

　　渝州上龙属蛇颈龙类，体长约 4 m。它的脖子较短，口中长有 5 对大型利齿，以及 23 对或 24 对较小型牙齿，这是它捕食鱼类的有利武器。

　　渝州上龙是中生代侏罗纪时期生活在亚洲（中国）淡水水域中的水兽。

神剑鱼龙

　　神剑鱼龙属鱼龙目，体长约 7 m。它喜欢在深海中活动，视力好，能适应黑暗的深海生活。它的上喙又长又尖，是下喙的 4 倍。神剑鱼龙是中生代侏罗纪时期生活在欧洲（英国）海域的以甲壳类动物为食的一种鱼龙。

海鳗龙

　　海鳗龙是半海生动物，属蛇颈龙科，体长约 8 m，以鱼类、头足类动物等为食。它既能在海中游泳，又能爬上海岸活动，生活空间很大。它的捕食方式很特别，它常常装作漫不经心的样子，在离海岸不远的地方游戈，但它们的眼睛却始终警惕地盯着猎物，一旦猎物靠近，它就会闪电般地冲向猎物将它捕获。海鳗龙是中生代侏罗纪时期生活在欧洲的海洋爬行动物。

短尾龙

短尾龙属蛇颈龙科，体长约 8 m，颈长约 2 m，是一种大型海洋动物。它的鳍状肢比早期的蛇颈龙大得多，其牙齿长而锋利，以鱼类、乌贼和对虾等为食。短尾龙是中生代侏罗纪晚期生活在欧洲（英国、法国、俄罗斯）的肉食海洋爬行动物。

拉玛劳龙

拉玛劳龙属蛇颈龙目，体长约 7 m。它看起来像是一种介于真正的蛇颈龙和上龙之间的物种。拉玛劳龙是中生代侏罗纪早期生活在欧洲（英国、德国）的肉食性水兽。

泥泳龙

泥泳龙属上龙亚目，体长约 3 m，以乌贼和鱼等为食。其特征是头大，脖短，尾短。泥泳龙是中生代侏罗纪晚期生活于欧洲（英国、俄罗斯）沿海的肉食性水兽。

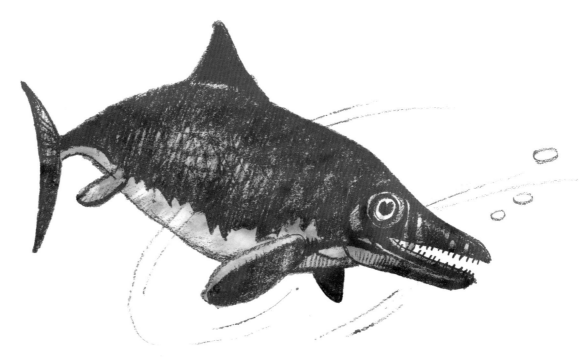

大眼鱼龙

　　大眼鱼龙属鱼龙目，体长 4~6 m，肉食性动物，主要食物是海洋中的乌贼。其生理特征是眼睛特别大，眼睛直径达 22 cm，是人类眼睛的 9.5 倍。大眼鱼龙是中生代侏罗纪时期生活在欧洲、南美洲和北美洲等地海洋中的动物。

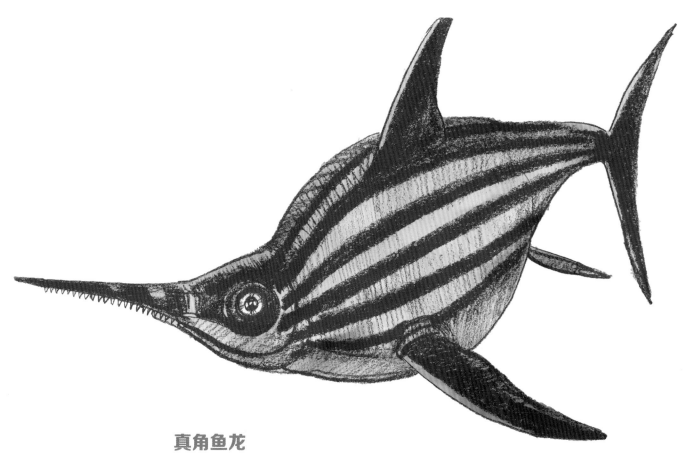

真角鱼龙

真角鱼龙属鱼龙目，体长6 m多，以海洋植物和甲壳类动物等为食。它的生理特征是上喙长，下颌短。真角鱼龙是中生代侏罗纪时期生活在欧洲的英国、法国、瑞士和德国等地海洋中的动物。

鱼 龙

鱼龙体长 2 ~ 5 m，属鱼龙目鱼龙属，以鱼为食。它是侏罗纪时期的海洋爬行动物，鱼龙名字是"鱼蜥蜴"的意思。它是游泳能手，长着流线型身体，是较适合在海洋中生活的猛兽之一。它们繁殖时不产卵，而是胎生，直接在水中生下小鱼龙。鱼龙是中生代侏罗纪时期生活在欧洲的动物。

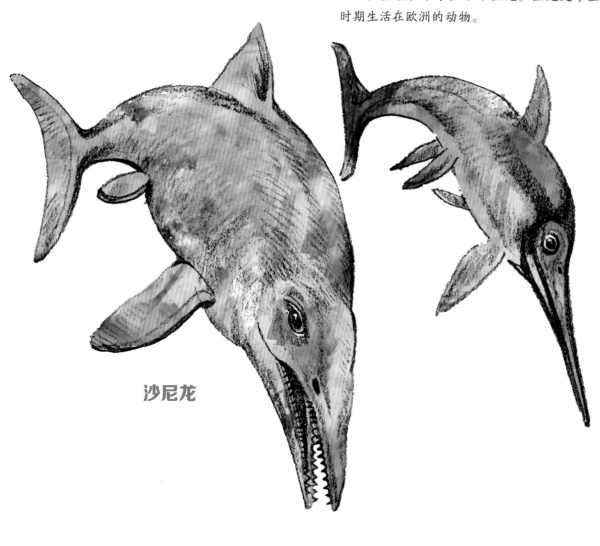

沙尼龙

莱昂普卢尔龙

　　莱昂普卢尔龙体长约 15 m。它是一种具有强大攻击和杀伤力的凶残的海洋猛兽，强有力的上下颌中长满了尖利的牙齿，能杀死像鲨鱼、枪乌贼和鱼龙这样的大型海洋生物。莱昂普卢尔龙于中生代生活在侏罗纪晚期的欧洲。

狭翼鱼龙

　　狭翼鱼龙属鱼龙目，体长 2~4 m。它体型滚圆像海豚，尾巴长，尾鳍大，游泳速度快。狭翼鱼龙是中生代侏罗纪时期生活在欧洲的肉食性动物。

泰曼鱼龙

　　泰曼鱼龙属鱼龙目，别名又称狭鳍鱼龙。体长约 9 m，以鱼类为食。它口鼻长，体型怪，并拥有一个丙裂状的尾巴。大部分鱼龙目海洋动物视力都很好，在所有已知的动物中——无论是现存的还是已经灭绝的，泰曼鱼龙的眼睛是最大的。它的眼睛直径达到了 26 cm，眼睛周围也像大多数鱼龙目动物那样，有一圈薄的覆盖骨板，可以在潜水时起到保护作用。泰曼鱼龙的眼睛这么大，因此其视力相当好，可以经常在夜间捕食猎物。

　　泰曼鱼龙是中生代侏罗纪晚期生活在欧洲（英国、德国）的一种海洋爬行动物。这些海洋爬行动物在中生代白垩纪时期全部灭绝了。

长刃龙

　　长刃龙体长约 4.5 m，以鱼类为食。它是海洋掠食者，游泳速度快。它的牙齿十分锋利，上下牙互相交错伸到嘴外。长刃龙是中生代侏罗纪时期生活在欧洲海域的动物。

咸海神翼龙

　　咸海神翼龙属翼龙目，体长不详。食性不详。咸海神翼龙
是中生代侏罗纪时期生活在亚洲中部（哈萨克斯坦、乌兹别克
斯坦、塔吉克斯坦等地）的一种大中型翼龙。

冰河龙

　　冰河龙属兽脚亚目恐龙。肉食性恐龙。冰河龙并不生活在冰上，它是最早被科学家命名的，也是最引人注目的南极洲恐龙之一。它是一种眼睛前方长有特殊脊冠的恐龙，脊冠的颜色非常鲜艳。它与双脊龙有亲缘关系。冰河龙是中生代侏罗纪早期生活在南极洲的恐龙。在中生代时期，南极并没有被冰雪覆盖，当时的气候比今天温暖得多，那里甚至还有茂盛的森林，但是到了冬季这里依然十分寒冷，所以在这里生活的恐龙明显要比其他地方的恐龙少。

三列齿兽

　　三列齿兽是植食性动物，以坚硬的植物为食。这种动物只有一颗牙，是爬行动物。

　　三列齿兽是中生代侏罗纪早期生活在南极洲的一种小型兽类。

锐 龙

  锐龙属剑龙科。植食性恐龙。它背上和尾巴上的骨板和骨棘深深嵌入皮肤和肌肉中，用来震慑掠食者。锐龙是剑龙的一种，到中生代侏罗纪晚期，剑龙在地球上已经很普遍了，它在欧洲几个地方都有遗骸化石，它在葡萄牙被人们发现时是 20 世纪初。

卢雷亚楼龙

  卢雷亚楼龙的骨架是在 1998 年被发现的。它是一种兽脚亚目恐龙，肉食性动物。卢雷亚楼龙是中生代侏罗纪晚期生活在欧洲葡萄牙的一种凶猛的野兽。

泥潭龙

泥潭龙体长近 2 m，身高约 1 m，体重约 50 kg。泥潭龙名字的意思是"难逃泥潭"。它不只要逃避掠食者的追击，还会误入泥潭越陷越深，因此它非常不幸，一般会被泥潭夺走性命。泥潭龙的长像很奇特，它身体修长，很擅长奔跑，但其前肢特别短，喙中也没有牙齿。泥潭龙是中生代侏罗纪时期生活在亚洲（中国）的身上长毛的植食性动物。

橡树龙

橡树龙属鸟脚亚目恐龙，植食性动物，体长 2.5~4.5 m。它是中生代侏罗纪时期生活在非洲敦达古鲁的一种中小型恐龙，它的化石是德国地质学家在 1909~1913 年发现并挖掘的。在这之前，1878 年科学家在莫里逊也发现了该恐龙的化石，这说明陆地之间是有关联的。

重型龙

重型龙属蜥脚亚目恐龙，体长约 27 m。植食性动物。这种大型恐龙生活在中生代侏罗纪时期的北美洲。重型龙的发现首次报道于 1890 年，1908 年科学家又在非洲的敦达古鲁发现了该恐龙的化石。

轻巧龙

轻巧龙是一种体长约 6 m 的掠食性恐龙。洪保德博物馆的馆长沃纳·詹尼斯于 1920 年将其命名为轻巧龙。它可能以体型比自己小的植食性动物，像树龙、蜥蜴和小型哺乳动物等为食。轻巧龙生活在中生代侏罗纪时期。

剑 龙

剑龙属鸟臀目剑龙类恐龙，体长约 9 m，体重约 2 t。植食性动物。它的特点是头及大脑均很小，头盖骨仅约 40 cm 长，大脑仅为胡桃大小，背上长有两排硬骨板，尾巴上有两对用来防御的大骨钉。它大部分时间是四肢着地，但觅食时能够用后腿站立，吃到长在树上部的嫩枝条。它的天敌是像异特龙那样的大型凶残的肉食性猛兽。剑龙生活于中生代侏罗纪晚期的美国中西部地区。

肯 龙

肯龙是剑龙科的一种，体长约 5 m。它的颈部一直到背部中央，长着两排窄的骨质甲板和锋利的尖刺，直至尾端。其臀部两侧还长出钉刺，很好地保护了它免遭天敌的袭击。肯龙生活在中生代侏罗纪晚期，分布于非洲。

巨齿龙

巨齿龙属兽脚亚目恐龙，体长约 9 m，体重约 1 t，是凶残的猎杀成性的肉食性恐龙。它身体几乎一半的重量在尾巴上。它用两条粗壮的后肢快速奔跑追赶猎物时，尾巴可以保持身体的平衡，它甚至猎杀像蜥脚亚目那样体型巨大的恐龙。在它的活动范围内，巨齿龙被称作"顶级捕食者"。巨齿龙是中生代侏罗纪中期生活在欧洲的猛兽。

蛮　龙

蛮龙属兽脚亚目恐龙，体长 12~14 m，体重达 2 t。它是一种巨型肉食性恐龙。古生物学家先后在北美的莫里逊组和欧洲的葡萄牙发现了这种恐龙。这两个发现说明当时的北大西洋与大陆的分离还不宽，恐龙可以轻易渡过。蛮龙是中生代侏罗纪时期生活在北美洲和欧洲的掠食者。

大地龙

　　大地龙体长约 2 m,身高约 0.7 m,重约 50 kg。小型植食性恐龙。从大地龙开始,植食性恐龙的防御手段越来越高明、有效,那些长在身上的骨板和钉状尖刺可以击伤、击败那些攻击和偷袭它的肉食性恐龙。大地龙是中生代侏罗纪时期生活在亚洲（中国）的小型恐龙。

川街龙

川街龙属蜥脚类恐龙,体长约25 m,身高约 6 m。植食性恐龙。川街龙是中生代侏罗纪时期生活在亚洲(中国)的一种体型巨大的素食动物。

蝴蝶龙

蝴蝶龙属蜥脚类、马门溪龙科恐龙,体长 29~33 m, 身高约 3.5 m, 体重 45~50 t。植食性恐龙。它属巨型龙,长得太大了,与蝴蝶沾不上边,但是古生物学家根据该龙体内一个部位的结构像蝴蝶,因此将它命名为蝴蝶龙。

蝴蝶龙是中生代侏罗纪时期生活在亚洲(中国)的一种巨型素食动物。

两兽生死搏斗图

  一头植食性恐龙原角龙与一头肉食性恐龙迅猛龙相遇，这当然是迅猛龙首先向原角龙发起了攻击。迅猛龙锋利的爪已将原角龙抓伤，原角龙虽然是植食性恐龙，但在遭到掠食者攻击时，它进行了顽强的反击，用其强有力的喙死死咬住迅猛龙的腹部不放。这场生死争斗使两者均受了致命的重伤，最终，它们的遗骸被沙土吞没成为后来的化石。这两具斗兽的化石是古生物学家在 1971 年发现的。

小盾龙

　　小盾龙属法布龙科小盾龙属，体长约 1.2 m。它是法布龙科中已知的唯一一种"全身武装"的恐龙，属小型恐龙。小盾龙是中生代侏罗纪早期生活于北美洲（美国）亚利桑那州的一种植食性恐龙。

夫鲁塔齿龙

　　夫鲁塔齿龙属原禽，体长为 65~75 cm，是已知世界上最小的鸟臀目恐龙。夫鲁塔齿龙是中生代侏罗纪晚期生活在北美洲美国的一种小型恐龙。它的骨骼化石被发现时只有头骨和部分其他骨骼，于 1985 年在美国被发现，但直到近些年才被鉴定为新种恐龙。

小驼兽

小驼兽属犬齿兽类，体长约 0.5 m。植食性动物。它纤细的身体和长长的尾巴很像现在的鼬鼠，身上有毛发，门牙发达，便于进食。小驼兽是中生代侏罗纪早期动物，分布于欧洲。

长口鳄

长口鳄体长约 3 m。肉食性动物，以鱼和乌贼为食。它一生都在海水中度过，靠摆动尾巴游泳，嘴巴又窄又长，里面长满了尖利的牙齿。长口鳄是中生代侏罗纪早期动物，分布于欧洲。

雷 龙

　　雷龙别名虚幻龙，属蜥脚亚目恐龙，体长约 22 m，是一种长颈食草恐龙。雷龙是不会咀嚼的，进食时只能将食物囫囵吞到肚子里。雷龙生活在中生代侏罗纪晚期的北美洲。

綦 龙

　　綦龙属蜥脚目马门溪龙科，体长达 15 m。植食性动物。它的特点是脖颈很长，约占身体的 1/2。它是 2006 年发现的新物种。綦龙是中生代侏罗纪晚期（1.6 亿年前）生活在亚洲（中国四川省）的大型蜥脚类恐龙。它的骸骨化石是建筑工人 2006 年在中国重庆附近的綦江施工时发现的。

美扭椎龙

　　美扭椎龙属兽脚亚目，体长约7 m，肉食性动物。它后肢强壮且粗大，其前肢脚上长有趾。美扭椎龙是中生代侏罗纪时期生活在欧洲（英国）的一种食肉恐龙。

当甲龙

当甲龙属食草性恐龙。它的尾端有个锤状物体，当受到食肉动物攻击时，尾锤就是它打击天敌的有力武器。当甲龙生活在中生代侏罗纪时期的亚洲。

迪布勒伊洛龙

迪布勒伊洛龙体长约 9 m，是一种大中型恐龙。它们每天都在浅水中捕食。到目前为止，古生物学家只发现了该龙的头骨化石。

迪布勒伊洛龙是中生代侏罗纪中期（1.7 亿年前）生活在欧洲（法国）的红树林沼泽地带的一种以鱼类及其他海洋动物为食的恐龙。

秃顶龙

　　秃顶龙属蜥脚目，植食性动物。它是中生代侏罗纪时期的动物。

塔邹达龙

　　塔邹达龙属火山齿龙科，体长约 9 m。它形似犀牛，脖子灵活，牙齿呈匙状，与其他近火山齿龙较为相似。一支由摩洛哥、瑞士和美国组成的国际考察团队于 2004 年在摩洛哥阿特拉斯山高山地区的塔邹达村发现了一些蜥脚类恐龙化石，专家们以此地的地名将其命名为塔邹达龙。塔邹达龙是中生代侏罗纪中期（1.8 亿年前）生活在非洲摩洛哥的一种植食性动物。

冠 龙

冠龙体长约 3 m，高约 1.2 m。它长相奇特，性凶残，是暴龙的祖先。冠龙头上的冠状物色彩鲜艳，其前肢长有羽毛，就像翅膀一样，但不能飞翔。它的后肢强壮有力，牙齿十分锋利，视力敏锐，这些特点都与暴龙相同。冠龙是中生代侏罗纪时期生活在亚洲（中国）的一种肉食性猛兽。

中国虚骨龙

中国虚骨龙属于盗龙类，体长约 1.5~2.2 m。肉食性动物。其名字含意为"中国的中空尾巴"。中国虚骨龙是中生代侏罗纪晚期（距今 1.5 亿~1.45 亿年）生活在中国四川省的兽类。其化石标本只有牙齿。

天山龙

　　天山龙属盘足龙科。植食性动物。其名含义是"天山的蜥蜴"。最早由我国地质学家袁复礼在新疆准噶尔盆地发现了一条不完整的天山龙恐龙化石，后古生物学家杨钟健对其进行研究，于1937年将其属命名为奇台天山龙，从此揭开了准噶尔大规模发掘恐龙的序幕。

　　天山龙是中生代侏罗纪晚期生活在中国新疆荒漠地区的一种恐龙。

鲸 龙

　　鲸龙的体长约18 m，体重达27 t，其股骨就将近2 m长。属巨型植食性恐龙。鲸龙是1841年被命名的，其含义为"酷似鲸鱼的蜥蜴"。鲸龙是中生代侏罗纪中期到晚期生活在欧洲英国、非洲摩洛哥的庞然大物。它的化石最早是在18世纪初被发现的，而几十年后人们才开始关注恐龙的存在。

隐 龙

　　隐龙属角龙类恐龙，体长 7~9 m，身高 2.7 m，体重 2.5~4 t。植食性恐龙。它的脑后长有类似盾形的突起，是角龙类家族中最为古老的成员之一。隐龙是中生代侏罗纪时期生活在亚洲（中国）的一种恐龙。

耀 龙

耀龙体长约 45 cm。杂食性动物。它羽色艳丽,会像今天的孔雀一样开屏,孔雀体长有1.2~1.5 m,但耀龙的体型只有一只乌鸦那么大。它与中国产的另一种像鸟一样的尾羽龙一样不能飞翔。耀龙是中生代侏罗纪时期生活在亚洲(中国)的一种杂食性小型恐龙。

巴塔哥龙

　　巴塔哥龙属蜥脚类，体长 12~16 m。植食性恐龙。它体型巨大而笨重，生活在 1.55 亿年前的中生代侏罗纪晚期，栖息于南美洲阿根廷的巴塔哥尼亚高原。1977~1983 年，古生物科研工作者在阿根廷巴塔哥尼亚高原的布特河上的塞罗康德附近发现了 8 只大小不等的巴塔哥龙不完整的骨骼化石。

欧罗巴龙

　　欧罗巴龙属蜥脚类，体长约 6 m，体重约 3 t。植食性动物。它的化石标本是在德国被发现的，当时的欧罗巴龙生活的地方是史前远古海洋中的岛屿（今日的欧洲地区）。

　　欧罗巴龙是中生代侏罗纪晚期（1.55 亿年前）生活在欧洲（德国）的恐龙。

原 鳄

原鳄体长约 1 m，背上布满了骨质板。肉食性动物，以小鱼和小型陆生动物为食。原鳄的后肢很长，但它和现代鳄鱼一样，靠四肢爬行、奔跑。原鳄出现于中生代三叠纪时期，在中生代侏罗纪时期，有些演变成海居动物，有些则来到陆地上生活。

首个原鳄骨架是由著名的化石收藏家巴那姆·布朗于 1931 年发现，现收藏在纽约的美国自然历史博物馆。

小盾片龙

小盾片龙体长约 1.2 m。它全身覆盖着一排排骨质脊突，可保护它抵御天敌，其超长的尾巴可以在跑动的时候保持身体平衡。小盾片龙是生活于中生代侏罗纪早期的动物。

叉 龙

叉龙属蜥脚亚目恐龙，体长约 12.5 m。它是巨大的梁龙家族中的一员，生活在非洲的热带平原上，以植物为食。叉龙生活在中生代侏罗纪晚期的非洲。

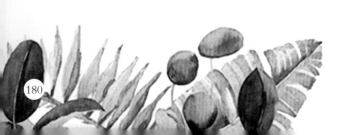

斑 龙

斑龙是科学家最早命名的两脚肉食性恐龙。它们的嘴很大，长满了锋利的牙齿，是凶残的掠食者。斑龙大约生活在 1.55 亿～1.45 亿年前的中生代侏罗纪晚期的欧洲。

棱齿龙

棱齿龙属蜥脚类恐龙，是植食性恐龙。它是一种体型小、跑得快的恐龙。棱齿龙生活在 1.5 亿年前中生代侏罗纪晚期的欧洲西班牙，到 6 550 万年前所有恐龙灭绝为止，它是恐龙家族中生活在地球上时间最长的恐龙之一。

181

磔齿龙

磔齿龙属鸟脚龙，体长约 3 m，是一种喜群居的植食性恐龙。像当今的鹿一样，它是当时恐龙中的快跑能手。当遭遇残暴的食肉恐龙攻击时，它就用一双长长的后腿神速逃掉。磔齿龙是生活在中生代侏罗纪晚期的动物。

马门溪龙

马门溪龙属蜥脚类恐龙，体长约 22 m。令人惊奇的是，它是恐龙中脖子最长的，大约有现今的长颈鹿脖子的 3 倍长。长颈鹿是现今动物中脖子最长的，颈部有 7 块骨头，而马门溪龙的颈部却有 19 块骨头。它的优势是扬起头能够吃到大树尖上的嫩叶。

盘古龙

巴拉帕龙

巴拉帕龙属蜥脚亚目恐龙，体长约 15 m。植食性动物。它的四肢粗如柱子，它的名字就是"粗腿蜥蜴"的意思。它是人们所知道的最早的长颈恐龙。尽管它个头巨大，牙齿也很锋利，但它却是一个温和的食草动物。迄今为止人们仅在东南亚的印度发现了一只这种恐龙的化石。巴拉帕龙是中生代侏罗纪早期的动物，分布于非洲和亚洲。

畸齿龙

畸齿龙属鸟脚亚目恐龙，身长仅约为 1.2 m。植食性动物。它长有 3 种不同用处的牙齿，其中就有獠牙。畸齿龙是中生代侏罗纪早期的动物，分布于亚洲和非洲。

圆顶龙

圆顶龙属大型蜥脚类恐龙，体长约 18 m。植食性动物。圆顶龙学名的原意是指"有腔室的蜥蜴"，它的体重比 3 头成年大象还要重。圆顶龙是中生代侏罗纪晚期生活在北美洲美国科罗拉多州的野兽，1877 年科学家在那里发现的头骨，后来在犹他州又发现了一具完整的小圆顶龙遗骸化石。

加斯莫龙

加斯莫龙属植食性动物。它是中生代侏罗纪时期的动物。

腕 龙

腕龙属蜥脚亚目恐龙，体长约 23 m。植食性动物。它在恐龙家族中也是最重、最大的恐龙之一，它站立时有 4 层楼那么高，体重达 89 t，大约相当于 12 头成年象的重量。这种庞然大物以植物为食，其前腿比后腿长，因此更像长颈鹿的身体结构。腕龙于中生代侏罗纪晚期生活在北美洲。

皮亚特龙

　　皮亚特龙属蜥脚类，小型肉食性恐龙。它同异特龙属同一家族，但它的个头还不到异特龙的1/2，其掠食对象可能是身材巨大、行动缓慢的巴塔哥龙。皮亚特龙于1.55亿年前中生代侏罗纪时期生活在南美洲的阿根廷。古生物学家是在阿根廷的塞罗康德发现皮亚特龙的骨骼化石。

尚未命名的甲龙

这种甲龙属蜥脚类植食性恐龙。

南极洲是最后一个发现恐龙化石的大陆。在 1911 年，科斯特船长在最后一次到南极探险时发现了爬行类的化石。寻找化石是件十分困难、有时还很危险的工作。南极只有少数岩石裸露，这里恐怕是世界上最难以挖掘恐龙化石的地方。到目前为止，这里只发现了两种恐龙化石。

1988 年，在南极的詹姆士罗斯岛区，科学家发现了第一具恐龙化石，也是第一种南极恐龙化石。但不知什么原因，这具恐龙化石至今尚未命名，但可以肯定的是，它是一种全身披甲的甲龙类。它是中生代侏罗纪时期的一种植食性甲龙类恐龙。

敏迷龙

敏迷龙体长约 2 m。植食性动物。敏迷龙是中生代侏罗纪早期生活在澳大利亚东部昆士兰州罗马镇附近的恐龙，其遗骸化石是 1964 年被发现的。

醒 龙

　　醒龙属畸齿龙科。植食性动物。它栖息于距今1.9亿年前非洲南部的沙丘与平原地带，它的牙齿特点：颊齿间隔较宽，齿冠较矮；而长牙为犬齿，南非开普省与莱索托加查斯内克区出土的两件醒龙化石证明了这点。醒龙是中生代侏罗纪时期生活在非洲南部的一种恐龙。

大椎龙

　　大椎龙属原蜥脚类恐龙，体长约4 m。植食性动物。由于它的颚骨和牙齿不够强健，咀嚼食物有困难，因此它会吞下一些石块到胃中（称为胃石），利用胃的蠕动带动石块的错动来磨碎胃中的植物。大椎龙是中生代侏罗纪时期生活在非洲的一种恐龙。

鸭嘴类恐龙都是蜥脚类素食恐龙。慈母龙、克里托龙、龙栉龙、副龙栉龙、冠龙、山东龙、青岛龙、蜥冠鳄、盔头龙、鸭嘴龙等都属于鸭嘴类恐龙。除了中国的山东龙、青岛龙、鸭嘴龙，以及蜥冠鳄、盔头龙、副龙栉龙是中生代白垩纪时期动物之外，其余均为中生代侏罗纪晚期生活在北美洲的恐龙。

慈母龙

慈母龙属蜥脚类植食性恐龙，生活在中生代侏罗纪晚期的北美洲。

加斯莫龙

加斯莫龙属角龙类，植食性动物。加斯莫龙于中生代侏罗纪晚期生活在北美洲。

克里托龙

克里托龙属蜥脚类植食性恐龙，生活在中生代侏罗纪晚期的北美洲。

冰脊龙

冰脊龙名字含义是"头冠被冰冻的爬行动物"，体长 6~7 m。冰脊龙的化石是地质学家威廉·哈默在距离南极约 160 km 的冰封的山坡上发现的。它头上的冠很奇特，这个美丽的头冠可能是为了吸引异性。

冰脊龙是中生代侏罗纪时期（1.95 亿年前）生活在南极洲的凶猛的肉食性猛兽。

北碚鳄

北碚鳄体长约 3 m，头长约 0.63 m。它是一种生活在海洋中的鳄类，其长相很特别，背上具有坚硬的鳞甲，嘴巴又长又尖，布满锋利的牙齿，以鱼类为生。北碚鳄是中生代侏罗纪时期生活在亚洲（中国）海域中的一种爬行动物。

伟 龙

伟龙属蜥脚类恐龙，体长 10~12 m。植食性动物。它是身材较大的恐龙。伟龙是中生代侏罗纪时期生活在南美洲的阿根廷和亚洲的印度的一种恐龙。

鼠 龙

　　鼠龙属于原蜥脚类恐龙，在恐龙中是侏儒，体长仅约 20 cm。它是和一些蛋同时被发现的。鼠龙生活在中生代侏罗纪时期。

树 龙

　　树龙体长约 3 m。植食性恐龙。树龙是生活在 1.5 亿年前的中生代侏罗纪时期，是栖息于美国犹他州的恐龙。

索他龙

　　索他龙属蜥脚类恐龙，体长 12~15 m。植食性动物。它是已知第一种带有骨甲的蜥脚类恐龙。它有一条巨大的尾巴，当它立起身子吃高树上的叶子时，它的尾巴就能起到支撑身体的作用。它虽是蜥脚类恐龙，但它的后背上布满了骨质甲板，而且骨甲表面还具有骨刺，可以防御肉食恐龙的袭击。索他龙是中生代侏罗纪时期生活在南美洲阿根廷一带的大型恐龙，它的遗骸化石是 1980 年在南美洲阿根廷的索他省被发现的，于是科学家就以该省的名字为其命名。

鹤 龙

　　鹤龙的化石迄今为止只在南非被发现了部分下颌骨和零碎骨件，非常珍稀。古生物学家从它的下颌骨形状推断出它的颌骨前半部分长有锋利的牙齿，接着是一对尖牙，后面是臼齿，用来咬碎植物。

　　鹤龙是中生代侏罗纪早期生活在南非的一种植食性动物。

奔山龙

　　奔山龙属棱齿龙科，体长 1~2 m。植食性动物。它是一种行动迅速的小型恐龙，二足。奔山龙繁盛于中生代侏罗纪晚期至白垩纪晚期，生存时间大约从 1.63 亿年前至 6 640 万年前，分布于亚洲、大洋洲、欧洲、北美洲和南美洲。其化石是在美国双麦迪逊组地层被发现的。

梁 龙

梁龙属蜥脚亚目恐龙，体长约 26 m。植食性动物。它是恐龙家族中身长最长的恐龙之一，像蛇一样的长脖和像鞭子一样的长尾占去它身长的大部分，长尾可作为横扫猎食者的武器。梁龙于中生代侏罗纪晚期生活在北美洲。

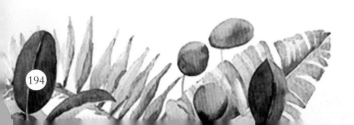

角鼻龙

　　角鼻龙体长约 6 m，大型食肉性动物。它头上长着短角，强有力的上下颌是主要武器，满嘴长着弯曲锋利的牙齿。它用强悍的后腿走路，用长有尖爪的前肢抓捕猎物。角鼻龙生活在中生代侏罗纪晚期的北美洲。

虚骨龙

　　虚骨龙体长约 2 m，属小型食肉性恐龙。它是一种跑动迅速的恐龙，强壮的前肢长着 3 根利爪，适合抓捕像蜥蜴或会飞的爬行动物等那样的小动物。它们隐藏在猎物充足的地方。虚骨龙生活在 1.5 亿年前中生代侏罗纪晚期的北美洲。

奥思尼尔龙

奥思尼尔龙体长约1.5 m。
植食性动物。它是一种小型
动物，长着长长的腿和尾巴，
前肢较短，长有5个指头。
奥思尼尔龙是中生代侏罗纪
晚期动物。

米拉加亚龙

米拉加亚龙属蜥脚目剑龙科，体长约
6 m，身高约6 m，体重约2 t。植食性动物。
它的脖子有1.8 m长，其优势是既能看得
远，又能吃得到树顶高处的树叶。米拉加
亚龙是中生代侏罗纪时期生活在欧洲（葡
萄牙）的一种大型爬行兽类。

大足龙

大足龙属蜥脚类，体长约 18 m，身高约 5.5 m，体重约 20 t。植食性动物。它的名字虽然叫大足龙，但其实它的脚并不十分大，这里的"大"指的是它那粗壮的大腿骨。它的牙齿很特别，像勺子。大足龙是中生代侏罗纪时期生活在亚洲（印度）的一种大型恐龙。

永川龙

永川龙体长约 10 m 多，属大型肉食性恐龙。它的上下颌中那像匕首一样的巨大犬齿使这种恐龙成为可怕的野兽，它的手趾和脚趾上都有爪。永川龙是中生代侏罗纪晚期的动物，分布于亚洲（中国）。

腔躯龙

腔躯龙化石最早被发现于北美洲莫里逊组，1870年由美国古生物学家约瑟夫·莱迪命名。腔躯龙是中生代侏罗纪晚期生活在北美洲的丛林、湖畔的一种肉食性恐龙。

长臂猎龙

长臂猎龙的化石是在美国怀俄明州奥尔巴尼采石场被发现的。它是中生代侏罗纪晚期生活在北美洲（美国）森林中的一种凶猛的肉食性恐龙。

莱索托龙

莱索托龙属鸟脚类恐龙，身长仅约为1 m。植食性动物。它是恐龙中的小个子，长得很像蜥蜴。它通常只用两条后腿走路，是快跑能手。莱索托龙是中生代侏罗纪早期的动物，分布于非洲和亚洲。

槽齿龙

槽齿龙属蜥蜴类恐龙，体长约2 m。植食性动物。从已发现的化石看，它身体瘦长，头小，脖子长，尾长，大部分时间是四肢着地，吃地面的低矮植物。槽齿龙是中生代侏罗纪早期动物，分布于非洲和亚洲。

洛氏敏龙

洛氏敏龙尾巴粗而长，用两后肢行走，植食性动物。它是中生代侏罗纪中期生活在亚洲（中国自贡）森林中的一种素食性恐龙。

短颈潘龙

短颈潘龙属叉背龙科，体长近 10 m。植食性动物。它是一种脖颈非常短的恐龙，也是叉背龙科中体型较小的恐龙。短颈潘龙是中生代侏罗纪晚期（1.5 亿 ~1.42 亿年前）生活在南美洲（阿根廷）森林中的一种植食性恐龙。

凤凰翼龙

　　凤凰翼龙属翼龙目，翼展约 1.5 m，肉食性动物。其遗骸化石是在亚洲（中国）辽宁省凤凰山中发现的，并因此命名，虽然化石很少，但保存完整。其颅骨短，上颌有 11 颗牙齿，尾椎较长，尾巴坚挺。它的近亲有掘颌龙、索德斯龙和抓颌龙。

　　凤凰翼龙是中生代侏罗纪中期生活在亚洲（中国辽宁）沿海岸边的一种以鱼类、昆虫为食的翼龙。

加登翼龙

　　加登翼龙属翼龙目，翼展约 2.5 m。肉食性鱼类。加登翼龙是中生代侏罗纪时期生活在北美洲的一种翼龙。

天宇龙

　　天宇龙体长约 2 m，高约 0.7 m，体重约 60 kg。植食性动物。长毛的恐龙很罕见，长毛的植食性恐龙更少见，天宇龙就是长毛的植食性恐龙。它的身体和尾巴修长，它那类似羽毛的东西是中空的，就像管子一样，是比较原始的。天宇龙是中生代侏罗纪时期生活在亚洲（中国）的恐龙。

树栖龙

树栖龙体型大小不详。杂食性动物。它的眼睛很大，前肢上的手趾很长，就像灵长类中的指猴。树栖龙是中生代侏罗纪时期生活在亚洲（中国）长相像鸟一样的长尾巴恐龙。

副盔龙

副盔龙外形奇特，脊背上从上到下长满一排
圆包形骨突。它生活在中生代侏罗纪时期。

哥打龙

哥打龙属蜥脚类恐龙，体长约 9 m。植食性动物。
它属大型恐龙，脖颈和尾巴都很长，身体强壮而敦实。
哥打龙是中生代侏罗纪时生活在亚洲（印度）的一种
植食性恐龙。

费尔干纳头龙

费尔干纳头龙体长约 4 m，身高约 1.6 m，体重约 500 kg。植食性恐龙。费尔干纳头龙是中生代侏罗纪时期生活在亚洲（吉尔吉斯斯坦）的一种中小型恐龙，它是头饰恐龙的祖先。

易门龙

易门龙属原蜥脚类恐龙,体长为 8~9 m。植食性动物。易门龙是中生代侏罗纪早期(2亿~1.96亿年前)生活在中国云南的大型动物。

资中龙

资中龙属蜥脚类恐龙,体长 9 m。植食性动物。它是中生代侏罗纪早期生活在中国四川地区的恐龙。专家在中国四川发现了它的脊椎骨、髋骨和腿骨。

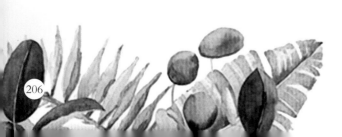

时代龙

　　时代龙体长约 8 m，属巨型肉食性恐龙。其名含义是"金时代蜥蜴"，是以化石出土地点的公司的名称而命名的。时代龙是中生代侏罗纪中期生活在中国云南的凶猛掠食者。

双腔龙

　　双腔龙属蜥脚目，体长 50~60 m，身高约 10 m（比 3 层楼还要高），体重约 120 t。这样的巨兽还真是突破了人类想象的极限。双腔龙是中生代侏罗纪时期生活在北美洲（美国）稀疏林地或草原中的一种巨大的素食恐龙。

戟 龙

戟龙属角龙类，体长约 5 m。戟龙的口鼻部长着一个直立而巨大的角，颈部布满了骨质壳皱，壳皱边上布满了尖刺，有了这些防御武器，戟龙就能有效地保护自身安全而不受天敌的袭击。戟龙生活在中生代侏罗纪晚期的北美洲。

沱江龙

沱江龙是植食性恐龙。它像剑龙一样，背上长着两排尖的骨板，头小，是四肢着地行走的恐龙。沱江龙是骨头最多的一种恐龙，它生活在中生代的侏罗纪时期，被发现于中国的中南部地区。

双形齿兽

　　双形齿兽属翼龙类，翼展约 1.2 m。它像蝙蝠一样，在空中用皮膜形成的双翅飞翔，两只前爪连在膜翼上。它的喙又粗又大又厚，看上去像海鹰的嘴巴。双形齿兽于中生代侏罗纪早期生活在欧洲。

翼手龙

　　翼手龙翼展约 75 cm。不同种类的翼手龙翼展不一样，其中最大的翼展长达 12 m。翼手龙共同的特点是尾短、颈长。它们长而窄的喙中布满尖牙，用以捕食昆虫和小鸟。翼手龙于中生代侏罗纪晚期生活在非洲。

掘颌龙

　　掘颌龙属翼龙，翼展可达 1 m。它视觉敏锐，能在空中发现猎物。掘颌龙于中生代侏罗纪晚期生活在欧洲。

诺曼底翼龙

诺曼底翼龙翼展约 1 m，它的化石发现于海相沉积的地层中（海边地带）。在世界史上有诺曼底登陆的历史记载，鲜为人知的还有诺曼底翼龙。它的牙齿粗壮，古生物学家推测，它不仅吃鱼，而且也攻击捕食陆地上一些较小型的动物。诺曼底翼龙是中生代侏罗纪时期生活在欧洲西部的一种肉食性翼龙。

敦达古鲁翼龙

敦达古鲁翼龙翼展不足 1 m。肉食性动物。古生物学家于 19 世纪 20 年代初，在非洲坦桑尼亚的敦达古鲁发现了大量的恐龙化石，这些恐龙化石足足装满了 1 000 多个大木箱，总重量达 250 t。其中就有敦达古鲁翼龙，它是该地区发现的第一种翼龙化石。

敦达古鲁翼龙是中生代侏罗纪时期（2.051 亿~1.42 亿年前）生活在非洲中西部（坦桑尼亚）的一种以贝类或螃蟹为食的翼龙。

翼嘴翼龙

翼嘴翼龙体长约 85 cm。肉食性动物。
翼嘴翼龙是中生代侏罗纪时期生活在亚洲
（中国）的一种大型翼龙。

丝绸翼龙

丝绸翼龙翼展近 2 m。肉食性动物。在
研究翼龙化石时，人们发现埋藏翼龙化石
的地质结构有两种：一种是海相沉积地层
或湖泊沉积地层，说明部分翼龙生活在海
边或湖边离水较近的地带，可能多以水生
动物为食（如鱼类、甲壳类、贝类等）；
另外一种是陆相沉积的地层，说明部分翼
龙可能多以陆生小动物为食，丝绸翼龙就
属于后者。丝绸翼龙是中生代侏罗纪时期
生活在亚洲（中国）的一种翼龙。

夺颌翼龙

　　夺颌翼龙翼展 2.5~3 m，体长 2.6 ~3 m。肉食性动物，以水中的鱼类及地面上的其他动物为食。它栖息在水域边缘地带，性凶猛，是侏罗纪时期天空中的最大霸王。夺颌翼龙是中生代侏罗纪时期生活在北美洲的一种翼龙。

达尔文翼龙

    达尔文翼龙属翼龙目，翼展约 1 m。肉食性动物。达尔文翼龙是中生代侏罗纪时期生活在亚洲（中国）的一种翼龙。

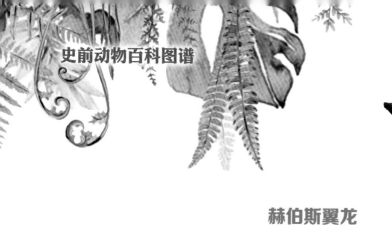

赫伯斯翼龙

　　赫伯斯翼龙翼展近 1 m。肉食性动物。该翼龙能和当时的陆地恐龙皮亚尼兹基龙在一起和平共处，互不攻击。赫伯斯翼龙是中生代侏罗纪时期生活在南美洲南部的一种翼龙。

梳颌翼龙

　　梳颌翼龙翼展 0.3~1.2 m。肉食性动物，主要以鱼类为食。它嘴巴像漏斗，长有350~400颗细长的牙齿，捕食时能像梳子一样过滤食物。梳颌翼龙是中生代侏罗纪时期生活在欧洲中西部的一种翼龙。

船颌翼龙

船颌翼龙翼展约 1 m。肉食性动物，以鱼类为食。船颌翼龙是中生代侏罗纪时期生活在欧洲西部的一种翼龙。

鲲鹏翼龙

鲲鹏翼龙翼展约 0.7 m。肉食性动物，以鱼类为食。古生物学家在化石中发现长有毛发的翼龙并不多，但他们发现鲲鹏翼龙的化石确实有珍贵的毛发，它的头顶部等部位均有长毛发的迹象。鲲鹏翼龙是中生代侏罗纪时期生活在亚洲（中国）的一种翼龙。

217

匙喙翼龙

匙喙翼龙属肉食性动物，以鱼类为食。匙喙翼龙是中生代侏罗纪时期生活在欧洲西部的一种翼龙。

鹅喙翼龙

鹅喙翼龙翼展约 1.35 m。肉食性动物，以鱼类、甲壳类动物或节肢动物为食。它长有一个长长的像天鹅般的喙，因此古生物学家便给它起名鹅喙翼龙。它的外形特征是头长，嘴长，脖子长，躯体呈流线型。鹅喙翼龙是中生代侏罗纪时期生活在欧洲中西部的一种翼龙。

魔鬼翼龙

　　魔鬼翼龙翼展约 63 cm，肉食性动物，以鱼类为食。它身披毛发，是中生代侏罗纪时期生活在亚洲（哈萨克斯坦）的一种翼龙。

岛翼龙

　　岛翼龙翼展约 2 m。肉食性动物，以鱼类为食。岛翼龙是中生代侏罗纪时期生活在中美洲加勒比海（古巴）岛国上的一种翼龙。

无尾颌龙

　　无尾颌龙是翼龙的一种，翼展约50 cm。它比最早的鸟类——始祖鸟的发现还要早0.5亿年。与其他大部分恐龙同样，它消失在6 550万年前。它生活在巨大的植食性恐龙——梁龙的背上，以捕食和清除梁龙身上的寄生虫为食。当梁龙穿越丛林惊起昆虫时，无尾颌龙也争抢着飞起来捕食昆虫。它们一生都在梁龙身上栖息，包括进食、打斗、成长、交配等，只有产卵时才会离开。无尾颌龙于中生代侏罗纪时期生存在亚洲（中国）。

蛙颌翼龙

　　蛙颌翼龙属翼龙目蛙嘴龙科。蛙颌翼龙的脑袋只有约5 cm长，但脑袋上长有一个扁扁的大嘴巴。蛙颌翼龙是中生代侏罗纪时期生活在哈萨克斯坦的一种动物，它的遗骸化石是1948年在西亚哈萨克斯坦被发现的。

喙嘴龙

喙嘴龙属飞龙类，是最早出现在地球上的翼龙。它长长的尾巴是骨质的，可在飞行中保持身体平衡。化石发现地为非洲、欧洲。喙嘴龙是中生代侏罗纪晚期动物。

喙头龙

喙头龙翼展约 2 m，牙齿非常锋利，以鱼类为食。喙头龙是中生代侏罗纪时期生活在欧洲西部的一种翼龙。

毛鬼龙

毛鬼龙全身都披着毛皮，这能使它在飞行中保持体温。毛鬼龙生活在中生代侏罗纪时期。

嘴口龙

许多嘴口龙的标本都发现于德国南部，它是从与翼龙同龄的岩石中被挖掘出来的。它的样子与双型齿龙很相似，但它的头骨修长，嘴喙尖且有锐利的牙齿。嘴口龙生活在中生代侏罗纪时期的欧洲。

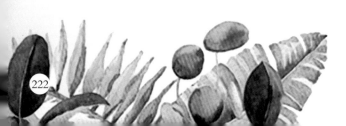

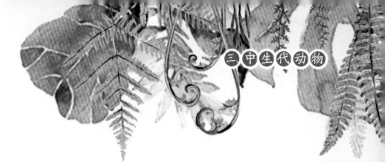

古帆翼龙

　　古帆翼龙属帆翼龙科，但它比同属帆翼龙科的帆翼龙更为古老。它脖颈粗且短，身体滚圆。古帆翼龙是中生代侏罗纪时期生活在亚洲（中国）的一种翼龙。

但丁翼龙

　　但丁翼龙翼展约 1.1 m。肉食性动物，以鱼类为食。但丁翼龙是中生代侏罗纪时期生活在欧洲西部的一种翼龙。

始祖鸟

  始祖鸟属鸟类，体长约 0.5 m。尽管始祖鸟与手盗龙有许多共同点，但始祖鸟的确是鸟类。但它与现代鸟类不同的是：它长有锋利的牙齿，翅膀前端各长有三根带爪的指头，以及长有一条长长的、带有尾骨的尾巴，这三点又很像恐龙的特征。它是恐龙与鸟类之间最为接近的一个进化环节。

  始祖鸟是中生代侏罗纪时期（1.45 亿年前）生活在德国的动物。它的化石是 1861 年被发现的。

始祖鸟

　　始祖鸟可谓鸟类的祖先，据生物考古界学者的史料显示，一个后来被称作巴伐利亚的地方，一只如乌鸦般大小的鸟死去了，它从栖息地掉入了一个淡水湖中，尸体很快被从湖中石缝里渗出的钙质颗粒所覆盖，从而延缓了尸体的腐烂。这只鸟在地下长眠了150万年，已成为化石，1861年工人采矿施工时，意外地将这只在地下长眠150万年的鸟的石灰母岩挖掘出来。这个意外收获轰动了整个世界，被科学界认为是古生物学上的奇迹！这只化石鸟被学者们命名为始祖鸟。

　　侏罗纪以前没有鸟，直到新生代第三纪，甚至更晚，鸟类才大量出现。始祖鸟生活在中生代侏罗纪时期的欧洲西部。

始祖鸟

短颈龙

短颈龙属蛇颈龙目短颈龙科，体长约12 m，头骨长约1.7 m。肉食性动物。它性情凶残，嘴大、头大，是处于当时水中生物链顶端的掠食者，以鱼类及其他海洋爬行动物为食。短颈龙是中生代白垩纪早期生活在北美洲的海洋猛兽，1907年被命名。

古海龟

古海龟体长约3.5 m。这种巨龟比目前海洋中最大的海龟还要大两倍多。它嘴里没有牙齿，主要以水母和软体动物为食。古海龟于中生代白垩纪晚期生活在北美洲。

克柔龙

克柔龙属短龙类海洋爬行动物，体长约17 m。肉食性海洋野兽。它性情凶猛，有能力捕杀大多数海洋动物。它的遗骸化石是在大洋洲（澳大利亚）被发现的。克柔龙是中生代白垩纪时期的水生兽类。

凌源潜龙

凌源潜龙是一种生活在湖泊中的水兽，体长约 1 m，以水中的鱼、虾为食。其特征是脖子细长，身具环形纹。凌源潜龙是中生代白垩纪时期生活在亚洲湖泊中的动物。

连椎龙

连椎龙体长 2~4 m，肉食性动物，以鱼类和鸟类为食。连椎龙是中生代白垩纪时期生活在北美洲海洋中的动物。

海王龙

海王龙体长约 12 m，肉食性动物，是一种长着利齿的海洋爬行动物。它是凶猛的海洋杀手。海王龙是中生代白垩纪时期生活在北美洲的一种猛兽。

鳄 龙

鳄龙属双孔类动物，体长约 1.5 m。它不是鳄鱼，但游动起来很像鳄鱼，主要以鱼类为食，用长而窄的嘴巴咬住猎物。鳄龙生活在中生代白垩纪晚期欧洲的沼泽和河流中。

轰 龙

轰龙属蛇颈龙科，体长约 9.5 m，以鱼类、头足类为食。它身体苗条纤瘦，属大型海洋爬行动物（水兽）。轰龙是中生代白垩纪时期生活在大洋洲（澳大利亚海域）的一种海兽。

似鳄龙

　　似鳄龙属棘龙科，体长约 11 m。肉食性动物。这种非洲棘龙与重爪龙很相似，也有与鳄鱼差不多的头颅。1998 年，保罗·塞利诺在非洲撒哈拉沙漠以南的尼日尔发现了一具似鳄龙化石。

　　似鳄龙是中生代白垩纪早期生活在非洲尼日尔的一种凶猛的野兽。

双臼椎龙

　　双臼椎龙体长约 5 m，以鱼类、菊石等为食。它脖子很短，脑袋大，背部圆，是海洋中动作快捷的掠食者。双臼椎龙是中生代白垩纪时期生活在亚洲、北美洲和大洋洲海域的一种大型水兽。

浮 龙

浮龙属沧龙类，体长约 10 m。这种巨型动物生活在浩瀚的海洋中，它有一条长尾巴，末端是尾鳍，可加速摆动提高游速，其四肢已经退化成鳍，前边一对要比后边的大。它用锋利的牙齿捕食鱼、枪乌贼及甲壳类动物。浮龙分布于北美洲。

板果龙

板果龙属沧龙类，体长约 4 m。它是一种巨大的海生蜥蜴，能像蛇一样在海中游泳，用宽大有蹼的脚掌舵，用巨大的嘴和利齿来捕食猎物。板果龙是中生代白垩纪晚期生活在欧洲海域的动物。

薄片龙

薄片龙属蛇颈龙目，体长约 14 m，生活在古海洋中，以鱼类为食。它生活于中生代白垩纪晚期。

白垩龙

白垩龙属蛇颈龙目白垩龙科，体长 13~25 m，是海洋中巨大的水兽。它脖子很长，眼睛很大，是一种凶猛的肉食性动物。它的"亲戚"非常少。白垩龙是中生代白垩纪时期生活在北美洲、大洋洲和欧洲海洋中的一种体形庞大的海洋掠食者。

帝 鳄

帝鳄是曾在地球上称霸过的大型鳄鱼之一。肉食性动物。它体长约 12 m，体重达 10 t，仅头颅就有一个成人身高那样长。帝鳄的嘴里长有 132 颗牙齿，在河岸上爬行，以鱼和无畏龙等大型猎物为食。帝鳄是中生代白垩纪早期生活在非洲的肉食性猛兽。

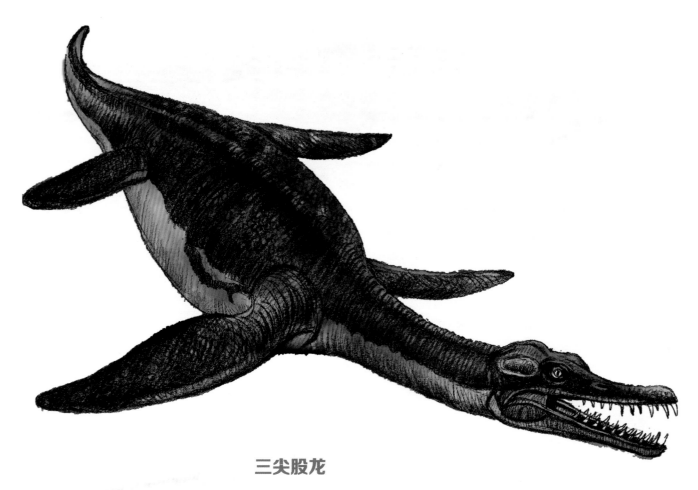

三尖股龙

　　三尖股龙体长约 3 m，以鱼为食，张开血盆大口瞬间就能吞掉几十条小鱼。它有 4 个鳍状肢，游泳速度快。因为它的股骨有三个尖，故科学家为它取名三尖股龙。

　　三尖股龙是中生代白垩纪时期生活在北美洲（美国的堪萨斯洲）的肉食性水生爬行动物。

彪 龙

彪龙体长约 7 m，以鱼及动物尸体为食。它的最大特点是鼻子特别灵，能通过水流闻到四周水生动物的味道，比如哪里有水生动物的尸体、哪里有它最喜欢的美味、哪里有敌人、哪里有同伴，它都能区别出来，从而可以捕获食物，避开敌人。

彪龙是中生代白垩纪时期生活在欧洲地区的肉食性水生爬行动物。

海诺龙

海诺龙属沧龙科，体型巨大，体长约 25 m，处于海洋食物链的顶端。它的胃口特别大，甚至连巨大的蛇颈龙、沧龙类都吃，非常凶残、可怕。海诺龙生活在中生代白垩纪时期的北美洲和欧洲的海洋中。

扁掌龙

扁掌龙属鱼龙目，体长约 3 m。它的头呈三角形，看上去头小、嘴窄且细。由于它的下巴可以活动，能伸能缩，如捕猎大型猎物吞不下去时，它的下巴就会自行脱落，这样可以使嘴巴张得很大，能像现代的蛇一样吞下比自己的头还要粗大的猎物，吞下猎物后，下巴又能恢复原状。

扁掌龙是中生代白垩纪生活在北美洲、欧洲和南极洲海域的一种肉食性水兽。

神河龙

神河龙体长约 11 m，肉食性动物。神河龙是中生代白垩纪时期生活在北美洲海域的一种凶猛的水中爬行动物。

球齿龙

球齿龙体长 5.5~6 m。球齿龙的牙齿不寻常，具有两种形状：嘴巴前部的牙齿呈圆锥形，后部的牙齿呈球状。这种结构的牙齿是由它的食性决定的，它以甲壳类和贝类等软体动物为食。球齿龙是中生代白垩纪时期生活在亚洲、非洲、欧洲和南、北美洲海域的大型海洋兽类。

猎章龙

猎章龙体长约 7 m。它有大约 170 颗又细又小的牙齿，不能攻击和猎食大型海洋生物，只能以小鱼和软体动物为食。它喜欢下潜至光线黯淡的深海活动。猎章龙是中生代白垩纪时期生活在大洋洲（新西兰）的大型海洋掠食者。

237

满洲鳄

满洲鳄体长约 40 cm，肉食性动物。在距今 1.42 亿～6 500 万年前的中国辽宁西部的北票、锦州、凌源、朝阳等地，到处都能见到它们的身影。满洲鳄虽然是鳄类，但它与准噶尔鳄相比，其外形更像现代鳄。实际从体型大小来界定，它就是蜥蜴。它四肢短、脑袋大，在地面上匍匐爬行前进。满洲鳄是中生代白垩纪时期生活在亚洲（中国辽宁）一带的爬行动物。辽宁是我国的恐龙大省。

细爪龙

细爪龙十分聪明，因为它的大脑容量很大。它是中生代白垩纪时期的物种。

南雄龙

南雄龙属慢龙科恐龙，体长约 5 m。该龙只有几具不完整的遗骸，颅骨至今也未找到，因此人们对它的颅骨是一无所知的，但它的颈部和尾部都很长。南雄龙是中生代白垩纪时期生活在亚洲（中国）的一种大型植食性动物。

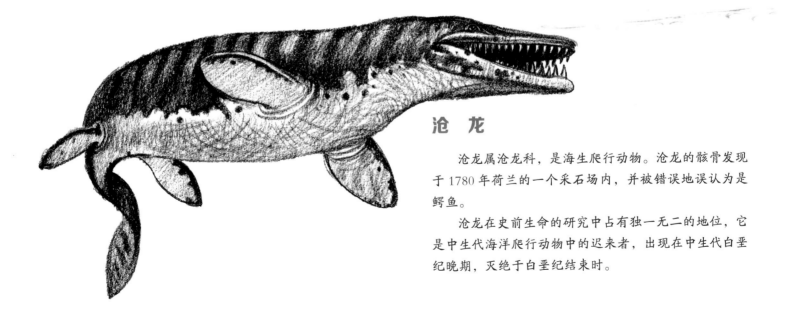

沧 龙

沧龙属沧龙科，是海生爬行动物。沧龙的骸骨发现于 1780 年荷兰的一个采石场内，并被错误地误认为是鳄鱼。

沧龙在史前生命的研究中占有独一无二的地位，它是中生代海洋爬行动物中的迟来者，出现在中生代白垩纪晚期，灭绝于白垩纪结束时。

犰狳鳄

犰狳鳄体长约 1 m，完全生活在陆地上。它的牙齿具有类似哺乳动物的特征，而它身上的鳞甲又很像现代的犰狳。犰狳鳄是中生代白垩纪时期生活在南美洲（巴西）的一种肉食性爬行兽类。

厚针龙

厚针龙属蛇亚目恐龙，体长约 1 m。它的形态是蛇身、长着像蜥蜴似的头，在水中生活。厚针龙是中生代白垩纪早期的爬行动物。

吐谷鲁龙

　　吐谷鲁龙属鸟臀目角龙类恐龙，体长仅约 3 m。肉食性动物。吐谷鲁龙是中生代白垩纪早期（1.4 亿~1.36 亿年前）生活在中国的小型掠食者。它的被发现的骨骼化石是非常不完整的。

义县龙

义县龙属手盗龙类，体长约 3 m。肉食性动物。它是中生代白垩纪早期（1.3 亿~1.25 亿年前）生活在中国辽宁的小型肉食性恐龙。

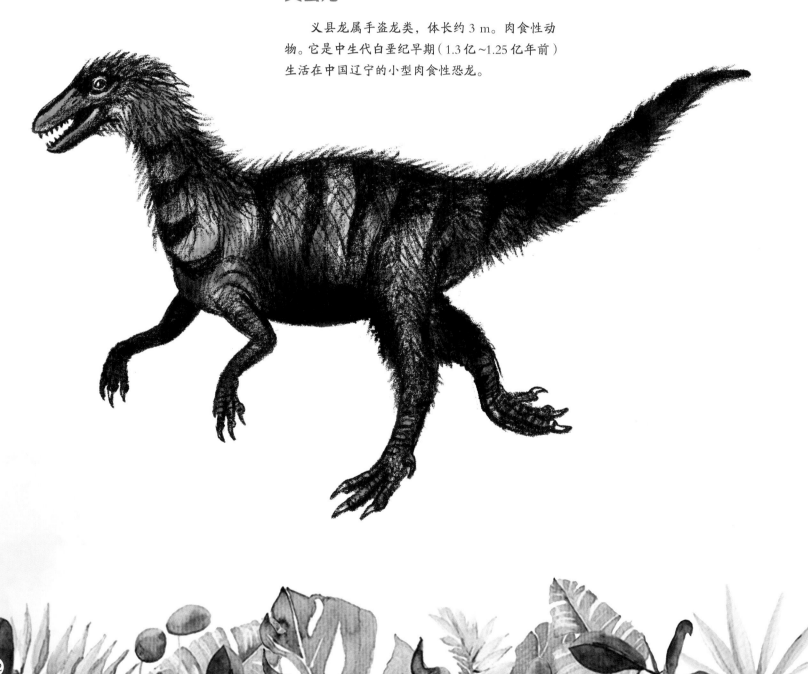

白魔龙

白魔龙属手盗龙类,体长约3 m。肉食性动物。白魔龙是中生代白垩纪晚期(8 300万~7 000万年前)生活在中国的小型肉食动物。其化石被发现时只有头骨和一些脊椎骨。

肃州龙

肃州龙属镰龙类,体长4.5~6 m。其名字含义是"肃州蜥蜴"。植食性动物。肃州龙是中生代白垩纪早期生活在中国甘肃的动物。

无齿翼龙

无齿翼龙翼展可达 7 m，肉食性动物。它是体型较大的飞行动物，头顶长有长的骨质冠状物，嘴里没有牙齿，靠吃鱼为生。无齿翼龙是中生代白垩纪晚期生活在欧洲的大型翼龙。

双形齿兽

准噶尔翼龙

准噶尔翼龙翼展约 2 m。它的口鼻部既长又窄的上下颌长着一个不同寻常的骨质冠状物，靠皮膜翼飞翔。准噶尔翼龙是中生代白垩纪早期动物，生活在亚洲中国。

厚颊龙

厚颊龙意为"有大型脸颊的蜥蜴"，它的个头和今天非洲沼泽中的成年河马相当，是生活在中生代白垩纪早期的爬行动物。

乌埃哈龙

乌埃哈龙体长约 6 m。植食性动物。它四肢着地，沿着背部长有一系列三角形甲片，尾端还长有数个棒状尖刺。乌埃哈龙是中生代白垩纪早期动物，生活在亚洲。

天镇龙

天镇龙属甲龙类，体长约 4 m。植食性动物。它是中生代白垩纪中期生活在中国山西的一种小型爬行动物。

似鸵龙

似鸵龙是种类似鸵鸟的长腿恐龙，体长约 4 m。杂食性恐龙。生存于中生代白垩纪晚期，其化石被发现于美国、加拿大。

窦鼻龙

　　窦鼻龙属手盗龙类，体长仅约 1 m。肉食性动物。窦鼻是中生代白垩纪早期生活在中国辽宁的小型掠食者。它的骨骼化石被发现时几乎是完整的。

苏尼特龙

　　苏尼特龙属蜥脚类，体长约 9 m。植食性动物。苏尼特龙是中生代白垩纪晚期（8 500 万～6 550 万年前）生活在中国内蒙古自治区的一种大型动物。它的骨骼化石被发现时只有一些脊椎骨和髋骨。

大夏巨龙

　　大夏巨龙属马门溪龙科，体长可达 30 m。植食性动物。它有一个超级长的脖子，其颈椎可达 19 节，是中国发现的最大的恐龙之一。大夏巨龙是中生代白垩纪早期生活在亚洲（中国甘肃）的一种巨大的恐龙。它的化石被发现于中国甘肃的兰州盆地。

布万龙

　　布万龙属盘足龙科，体长 25~30 m。植食性动物。它是中生代白垩纪早期生活在亚洲（泰国）的一种巨型恐龙，它的化石是在泰国被发现的，目前泰国已出土了好几百块布万龙化石样本。

犹他盗龙

犹他盗龙属手盗龙类，体长约 5.9 m，体重可达 1 t。其名含义是"犹他州的窃贼"。它是一种早期的驰龙，长有致命的利爪，奔跑的速度比暴龙还要快。犹他盗龙是中生代白垩纪早期（1.25亿年前）生活在美国的一种凶残的掠食者。

阿穆尔龙

  阿穆尔龙属鸭嘴龙类，体长约 6 m。其名字含意为"阿穆尔蜥蜴"。植食性动物。阿穆尔龙是中生代白垩纪晚期（7 400万～6 550万年）一种生活在中国（黑龙江）和俄罗斯的爬行动物。其骨骼化石只有上颌骨。

肿角龙

肿角龙属角龙科，体长约 7.5 m，重约 11 t，大型植食性动物，是当时陆地动物中头部最大的恐龙之一。它的颈部有一个巨大的壳皱，从头的后部向上伸出，还有伸向前方的三个大角。它的躯体又大又重，但腿部却粗壮有力，能够承受 11 t 的体重。当时几乎没有敢攻击它的食肉猛兽。肿角龙是中生代白垩纪晚期生活在北美洲的大型爬行动物。

雷巴齐斯龙

雷巴齐斯龙属蜥脚类，体长可达 20 m，是身材巨大的植食性恐龙。它的背上有一条高耸的脊。雷巴齐斯龙是中生代白垩纪晚期生活在摩洛哥、尼日尔、突尼斯、西班牙等地的素食兽类。它的化石是在西班牙被发现的。

潮汐龙

潮汐龙属巨型蜥脚类，体长 24~30 m。植食性动物。潮汐龙是中生代白垩纪时期（1 亿年前）生活在埃及的素食巨兽。当时它们栖息于浅海周边红树林的沼泽中，而今那里已变成撒哈拉大沙漠。它的骨骼化石发现于 1999 年，只有一只前肢骨。

越前龙

越前龙属角龙类，体长约 1 m。它长有一个鸟嘴，但没长角，只是有个小小的头盾。植食性动物。越前龙是中生代白垩纪时期生活在亚洲（日本）的一种小型爬行动物。

河神龙

　　河神龙属角龙类，体长约 6 m，身高约 2 m，体重约 3 t。河神龙的体型看上去像一只大象，四肢粗壮像柱子，身体滚圆，头上的护盾很大，上面有 2 个大的洞，中间有 2 只向后弯曲的角。头盾上的饰纹艳丽，就像中世纪武士的头盔。

　　河神龙是中生代白垩纪时期生活在北美洲（各式各样的角龙大都分布在北美洲）的一种植食性动物。

大鸭龙

　　大鸭龙属鸭嘴龙类，体长 10~12 m，身高约 2.5 m，体重 3~5 t。植食性动物。大鸭龙是中生代白垩纪时期生活在北美洲的动物。

东北巨龙

　　东北巨龙属蜥脚类恐龙，体长 27~30 m，身高约 6 m，体重约 35 t。植食性动物。它属超巨型恐龙，是中生代白垩纪时期（1.42 亿~6 550 万年前）生活在亚洲中国东北的庞然大物。

高吻龙

高吻龙体长 7~8 m，身高约 2.5 m，体重 1.5~2.5 t。植食性动物。它的鼻子很大，像现代一种没有长牙的海象的鼻子。高吻龙是中生代白垩纪时期生活在亚洲的恐龙。

美甲龙

　　美甲龙属甲龙科，体长约 7 m，身高约 1.7 m，体重约 2 t。植食性爬行动物。它的身上长满了用以防御的骨板和锋利的骨刺。美甲龙是中生代白垩纪时期生活在亚洲的恐龙。

赶走掠食者

一只成年雌性三角龙对前来攻击它的残暴掠食者——霸王龙进行防御性反击，它那锋利的尖角刺伤来犯者的腹部，最终迫使这个凶残的霸王龙带伤仓皇逃走。

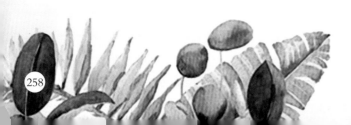

穆塔布拉龙

　　穆塔布拉龙属蜥脚类，体长 7~8 m，身高 2~2.5 m，体重 2~4 t。植食性动物。它名字的含义是"穆塔布拉"（位于澳大利亚的蜥蜴）。它长得很奇怪，鼻子两边各挂着一个大"红灯笼"。这 2 只像灯笼的东西是穆塔布拉龙的发声装置，是同类之间相互传递信息用的。它们的拇指呈钉子状。穆塔布拉龙是中生代白垩纪时期生活在澳大利亚的一种大型爬行动物。

鸭嘴龙

鸭嘴龙体长约 10 m。植食性动物。它长着一个角质的没有牙齿的喙。人们发现了两头这种恐龙的干尸，经解剖，发现胃里的东西有松针、嫩枝和果实。鸭嘴龙是中生代白垩纪晚期动物，分布于北美洲。

塞塞罗龙

　　塞塞罗龙属鸟脚龙类，体长约 3.5 m。植食性动物。它骨架大而笨重，行动迟缓。塞塞罗龙是中生代白垩纪早期动物，分布于北美洲。

阿利奥拉龙

阿利奥拉龙体长约 6 m。肉食性动物。它与霸王龙一样，是个残暴的猎食者。它的脚趾上长着锋利的爪，头上还长有一些骨质脊突和尖刺。阿利奥拉龙是中生代白垩纪晚期动物，分布于北美洲。

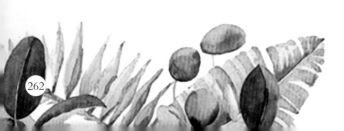

赖氏龙

　　赖氏龙属鸟脚类恐龙，体长约 9 m。植食性动物。它既能四肢着地，也能两条腿奔跑。它头上长着两个东西，中空的冠状物和一个后部尖的骨质刺突。赖氏龙生活于中生代白垩纪晚期的北美洲。

拟栉龙

　　拟栉龙能用头冠发出像喇叭一样的声音，它是中生代白垩纪晚期动物。

奔　龙

　　奔龙属恐爪龙类，体长约 2 m。肉食性动物。奔龙最可怕的武器是那强有力的上下颌中的锋利牙齿，并且其双脚各有一个极具杀伤力的大爪，它们能将猎物开膛破肚。奔龙动作迅速，且喜欢集体猎食比它们身体要大得多的野兽。奔龙是中生代白垩纪晚期动物。

阿玛加龙

阿玛加龙属蜥臀目，体长约 13 m，体高约 3.5 m，体重约 4 t。植食性动物。它的颈部和背部上背着两面巨帆。阿玛加龙于中生代白垩纪早期生活在南美洲阿根廷等地。

中华龙鸟

中华龙鸟属兽脚类，体长约 2 m，肉食性动物。中华龙鸟于中生代白垩纪晚期生活在亚洲的中国辽宁省。1996 年 8 月，辽宁省的一位农民发现并将这块化石标本献给国家。它从头到尾都披着像羽毛一样的皮肤衍生物。科学家认为，这是较早的鸟类化石，又因为它是在中国发现的，所以被命名为"中华龙鸟"。

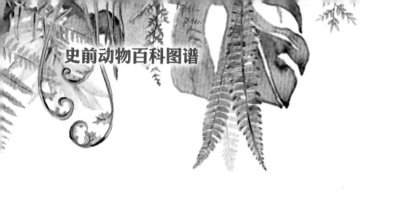

切齿龙

切齿龙与窃蛋龙有亲缘关系，无齿兽脚亚目恐龙群中的一员。它们的头骨发生变化，和鸟类很相似，有些学者认为它们或许本身就是一种不会飞的鸟类。切齿龙典型的特征是它的牙齿：它的前上颌骨长有一对非常大的门牙，与现在的啮齿类很像。它属于兽脚类恐龙。其化石是在中国辽宁省发现的。切齿龙是中生代白垩纪早期生活在亚洲（中国）森林或草原中的一种植食性动物。

海拉尔龙

海拉尔龙体长约 6 m，是大型草食龙，它身上的骨质长角和甲片是它的有效防卫武器，它这身装备比剑龙的装备更有效果。一排排锋利的骨质、角刺有效地护卫着它的软肋部位，很少有肉食性恐龙能够突破它的天然防线。海拉尔龙属具重甲的结节龙，生活于中生代白垩纪早期的欧洲。

三角龙

　　三角龙体长约 9 m。其外表凶恶，但实际是一种以植物为食的平和动物，分布于北美洲大陆，是恐龙灭绝前最后进化出来的恐龙之一。它是有角龙中体型最大也是最重的，大约重 11 t，约是现今陆地上最大哺乳动物大象的 2 倍重，它的硬角能赶走大部分天敌。三角龙生活在中生代白垩纪晚期的北美洲。

赛查龙

　　赛查龙属重甲龙类，体长约 7 m。它是一种强壮且身上装有重甲的草食恐龙，全身布满一排排骨质尖刺，其尾部末端呈骨棒状用来防范袭击它的食肉恐龙。赛查龙是中生代白垩纪晚期生活在亚洲的一种恐龙。

盔甲龙

盔甲龙属鸟脚类恐龙，体长约 9 m，以树叶和果实为食。它头上长着一个半月形的盔饰，盔饰是中空的，在与同伙互相联络时，这个盔饰可使叫声变得更大。如遇险情时，它可以用两条后腿迅速跑开。盔甲龙生活于中生代白垩纪晚期的北美洲。

肿头龙

肿头龙属厚头恐龙，体长约 4.6 m。这种食草恐龙的头是由质密坚厚的骨质形成的，有 25 cm 厚。当雄性肿头龙间展开头战时，这个巨大的防撞头盔正好是个武器盾牌。肿头龙生活在距今 1.3 亿年前的中生代白垩纪时期。

阿拉莫龙

阿拉莫龙属蜥蜴龙（长颈食草恐龙），体长约 21 m，重约 30 t，是北美洲唯一的泰坦巨龙科恐龙。6 550 万年前，北美洲大部地区都是沼泽和丛林，但在西南部地区仍有些地势高且干燥的地方，阿拉莫龙和其他一些蜥脚类恐龙就生活在那里。它得名于德克萨斯州著名的阿拉莫城堡。阿拉莫龙是中生代白垩纪晚期生活在北美洲（美国）的体型庞大的植食性恐龙。

加斯帕里尼龙

加斯帕里尼龙属于棱齿龙科。加斯帕里尼龙体长约 1 m，高约 40 cm，体重约 5 kg。它的第一批化石是 1992 年在阿根廷被发现的，仅是部分骨骼和头颅，大部分脊柱缺失。古生物学家在化石中发现 40~100 个光滑的圆形胃石，平均直径 8 cm，用于帮助其磨碎和消化食物。它是中生代白垩纪晚期生活在南美洲（阿根廷）的一种植食性动物。

恐爪龙

恐爪龙体长约 3 m，高近 1 m，重约 80 kg，是中等体型的肉食性动物，它的每颗牙齿都能像刀片一样刺透猎物的表皮，其后腿长有又长又锋利的长爪，能轻易割开庞大猎物的皮肉。恐爪龙是恐龙中最强大的捕食者之一，虽然霸王龙也很厉害，但是速度之快、进攻之凶猛、杀伤力之强当属恐爪龙。恐爪龙的化石最早是 1931 年在美国蒙大拿州被发现的，并在 1964 年由美国的古生物学家约翰•奥斯特伦姆取名为恐爪龙。它是中生代白垩纪早期生活在北美洲的动物。

达氏吐龙

　　达氏吐龙体长约 8.5 m，别名恶霸龙、惧龙，属暴龙科。在暴龙科中，达氏吐龙的前肢是最长的，其后肢强劲粗大，上有 4 趾，第一趾最小，且不能接触地面。据古生物学家推断，在体型相同的情况下，达氏吐龙的攻击力在恐怖的霸王龙之上。它的捕猎方式是常常用粗壮有力的尾巴猛烈地抽打猎物，将其打倒后，再扑上去封喉，一招致命。达氏吐龙是中生代白垩纪晚期（7 700 万～7 400 万年前）生活在北美洲（加拿大、美国）丛林中的一种凶残的肉食性猛兽。

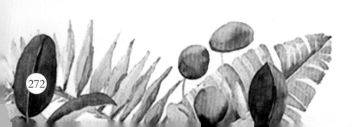

恐爪龙围猎图

图为恐爪龙正在围猎一头巨大的蜥脚类植食性恐龙。

豪勇龙

豪勇龙体长约 7 m，高约 3.5 m，体重 2~3 t。植食性恐龙。豪勇龙的背上有一个高大的"帆"，古生物科学家们认为它背上这个结构既可以用来调节体温，也可以储存脂肪和水，还可以帮助它吓跑一些掠食者。豪勇龙是中生代白垩纪时期生活在非洲大陆的大型动物。

新猎龙

　　新猎龙体长约 8 m，其名意义是"新的猎食者"，与同其有亲缘关系的动物异特龙相比，是体型较小但更灵活的掠食者。它前额弯曲变化大，鼻孔也大，说明它的嗅觉很好。新猎龙的遗骸化石是在 1978 年的英国威特岛被发现的，直到 20 世纪 80 年代才挖掘出土。新猎龙是中生代白垩纪早期生活在欧洲（英国）的一种肉食性猛兽。

纤角龙

　　纤角龙是一种体长约为 2.7 m 的小型植食性恐龙。它是介于鹦鹉嘴龙和角龙亚目后期恐龙之间的物种，但它没有特角，而拥有发达的后肢，是个出色的奔跑者。纤角龙是中生代白垩纪晚期生活在北美洲、亚洲和大洋洲的一种素食动物。

惧 龙

惧龙体长约 8 m，身高约 5 m，体重约 3 t。它是霸王龙的直系祖先，属暴龙科。它有一排额外的肋骨，称为腹肋，位于真正的肋骨和盆骨之间，这种结构有利于保护它的肠子。惧龙是中生代白垩纪晚期生活在北美洲（加拿大）的肉食性猛兽。

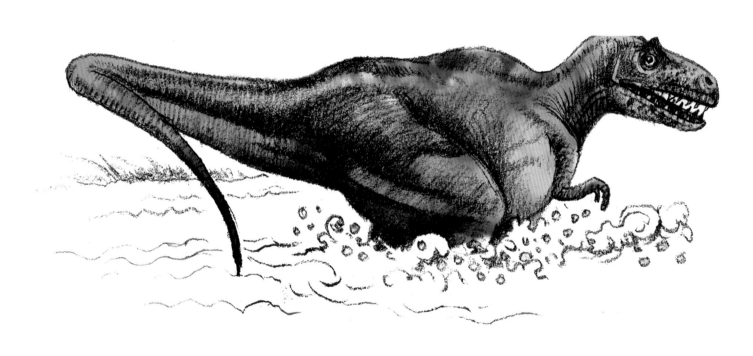

似提姆龙

似提姆龙是似鸟龙的一种。杂食性恐龙。它于中生代白垩纪晚期生活在澳大利亚南海岸的维多利亚州（被称作恐龙湾的地方）。

阿特拉斯科普柯龙

阿特拉斯科普柯龙体长 2~3 m，是一种小型植食性恐龙。它与来自英国的棱齿龙具有亲缘关系。这种小型恐龙生活在中生代白垩纪时期澳大利亚的维多利亚州。

短冠龙

短冠龙属鸭嘴龙类，体长约 9 m，身高约 3 m，体重约 3 t。植食性动物。短冠龙是中生代白垩纪时期生活在北美洲加拿大的动物。

结节龙

　　结节龙属甲龙目，体长 4~6 m，身高约 1.5 m，体重约 1 t。植食性动物。它全身长满了骨片式的铠甲，以防御掠食者的攻击。它动作缓慢跑不快，易遭食肉恐龙的攻击。结节龙是中生代白垩纪时期生活在北美洲的爬行动物。

葡萄园龙

葡萄园龙属蜥脚目植食性恐龙，体长约 15 m，身高 2.5~3 m，体重 6 t 左右。葡萄园龙是中生代白垩纪时期生活在欧洲的动物。

澳大利亚霸王龙

澳大利亚霸王龙属鸟臀目，体长可达 3 m。肉食性恐龙，主要以小型植食性恐龙为食。澳大利亚霸王龙是中生代白垩纪时期生活在澳大利亚的凶残掠食者。

霍格沃兹龙王龙

　　霍格沃兹龙王龙体长约 4 m，身高约 2 m，体重约 0.5 t。植食性动物。
霍格沃兹龙王龙是中生代白垩纪时期生活在北美洲的动物。

开角龙

开角龙属角龙目，体长 4~5m，身高约 1.7 m，体重 3.5~4 t。植食性动物。开角龙是中生代白垩纪时期生活在北美洲的动物。

微肿头龙

微肿头龙属肿头龙类，体长仅 0.5~1 m，是肿头龙类中最小的物种之一。它属小型鸟臀目植食性恐龙，会爬树。微肿头龙是中生代白垩纪晚期 (8 300 万 ~7 300 万年前) 生活在中国山东的一种小型恐龙。

弃械龙

　　弃械龙属鸟臀目结节龙科，体长 3~5 m。它名字的意思为"没有装甲的蜥蜴"。弃械龙果真没有装甲吗？答案是否定的。它不仅背部具有多排骨突，而且肩部和尾部还有尖利的棘刺。只是科学家们在发现它的化石时的确没发现它有骨突和棘刺，所以误认为此龙没有装甲，才取了这个名字，后来发现这具化石只是个幼年个体，只有成年个体才会长出骨突和棘刺来。弃械龙是中生代白垩纪时期生活在欧洲（英国）的一种植食性甲龙。

霸王龙

　　霸王龙是地球上存在过的较大的肉食性恐龙之一。该猛兽体长约 12 m，身高 6 m 多，体重大约有 8 t，比现在的一头成年非洲象还要重。这个凶残的庞然大物出现在中生代白垩纪晚期，距今大约 8 000 万年前。人们在亚洲和北美洲西部都发现过它的化石，这种嗜杀成性的残暴猛兽的上下颌中长满了剃刀般锋利的牙齿，这些锯齿状的尖牙每颗足有 15 cm 长，许多大型食草恐龙都是它的盘中餐。霸王龙也是恐龙在地球上灭绝前夕进化成的最后一批恐龙。

尖角龙

尖角龙属鸟臀目角龙科。体长约 6 m，身高约 1.8 m，体重 2.5~3 t。尖角龙头上共长有 7 只以上的角，其中鼻梁上的角是最长且最锋利的，眉框上的两个角和头上面的 4 个角比较短，而且角的朝向也不同。尖角龙是中生代白垩纪时期生活在北美洲的一种大型植食性动物。

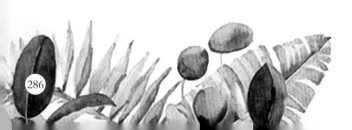

黎明角龙

　　黎明角龙属角龙科，体长 1.6~2 m，体重 15~30 kg。它是角龙类家族中最早的成员之一，头顶上还没有长角，仅有一个可爱的头盾，上面有颜色鲜艳的皮肤。黎明角龙是中生代白垩纪时期生活在亚洲（中国）的一种小型植食性爬行动物。

加斯顿龙

　　加斯顿龙属鸟臀目甲龙科。体长 4~5 m。它是所有甲龙类恐龙中装甲较为完备的恐龙之一，全身长满了骨板和棘刺。它的名字是以化石发现者——艺术家罗伯特·加斯顿的名字命名的。它身上那些完美的棘刺是用来防御当地最凶残的恐龙杀手——犹他盗龙的。犹他盗龙体长 5.9 m，重达 1 t，长有锋利而巨大的爪子和利齿。加斯顿龙是中生代白垩纪早期（1.25 亿年前）生活在北美洲（美国）的大型植食性野兽。

懒爪龙

懒爪龙属镰刀龙科，体长约 6 m。它的化石是 2001 年在中亚地区被发现的。它是鸟臀类身体结构，前肢爪巨大，属杂食性动物。懒爪龙是中生代白垩纪中期（约 9 200 万年前）生活在北美洲（美国）的形象如鸵鸟的恐龙。

奥卡龙

奥卡龙意为来自"奥卡（位于南美洲巴塔哥尼亚）的爬行动物"，属蜥脚类恐龙。它体长约 4.3 m，既是个凶猛的捕食者，又是狡猾的窃蛋贼，它特别喜欢偷食其他恐龙的蛋和幼雏，然而它也会被更为凶残的肉食性恐龙捕食。奥卡龙是中生代白垩纪晚期（约 8 400 万年前）生活在南美洲（阿根廷）的中型肉食性动物。

纳摩盖吐龙

纳摩盖吐龙属蜥臀目吐龙科，体长约 15 m，体重约 12 t。纳摩盖吐龙是中生代白垩纪时期生活在亚洲（蒙古）的一种大型植食性恐龙。

皖南龙

皖南龙属肿头龙科，体长 1 m 左右，身高约 40 cm，体重 10 kg 左右。它四肢修长，平时也能用四肢着地走路，当它只用后肢快速运动时，却奔跑如飞。它们以植物的根、茎、叶、果实及昆虫等为食。

皖南龙是中生代白垩纪时期生活在亚洲（中国）的小型杂食性恐龙。

格里芬龙

格里芬龙体长 8~10 m，身高约 3.5 m，体重 2.5~4 t。格里芬龙头小，尾部和后腿粗壮有力，它口中长了八百多颗牙齿，齿力强劲，爱吃东西，成为恐龙世界中名副其实的美食家。格里芬龙是中生代白垩纪时期生活在北美洲的一种大型植食性恐龙。

爱氏角龙

爱氏角龙属鸟臀目角龙科，该龙体长约 6 m，身高约 1 m。它头上长有 3 个角，脖子上有个很大的颈盾，边缘有齿状骨突，锋利的喙状嘴与鹦鹉嘴相似。爱氏角龙化石于 1981 年出土于美国的蒙大拿州。据古生物学家推测，它可能是三角龙的祖先。爱氏角龙是中生代白垩纪晚期（约 7 000 万年前）生活在北美洲和亚洲的大型植食性动物。

查干诺尔龙

查干诺尔龙属蜥脚目，体长约 25 m，身高约 7.6 m。它可能是亚洲植食性恐龙中体型最长、体重最重的恐龙之一（体重 50 t 以上）。它的化石是 20 世纪 90 年代在中国内蒙古自治区的戈壁滩上出土的，领导这个挖掘队的是已经为数十种恐龙命名的董枝明教授。

查干诺尔龙是中生代白垩纪晚期（约 8 000 万年前）生活在亚洲（中国）的一种巨型植食性动物。

牛头龙

　　牛头龙属甲龙类，属原始甲龙的一种。它的化石最早发现于美国的蒙大拿州。牛头龙是中生代白垩纪早期生活在北美洲（美国）林地及平原地带的一种植食性爬行动物。

内蒙古龙

内蒙古龙属镰刀龙科。1999 年 8 月，内蒙古地质古生物研究中心几位专家在二连盆地首次发现了一个镰刀龙科恐龙，并为其命名为内蒙古龙。内蒙古龙是中生代白垩纪晚期（约 8 000 万年前）生活在亚洲（中国）森林和草原地带的一种肉食性恐龙。

阿比杜斯龙

阿比杜斯龙属蜥脚类恐龙。它体型庞大，脖颈长。该龙的骨骼化石是在北美洲的美国犹他州东部恐龙国家纪念公园的一个采石场被发现的。阿比杜斯龙是中生代白垩纪中期（约 1.06 亿年前）生活在北美洲（美国）森林地带的一种植食性恐龙。

纤细盗龙

　　纤细盗龙体长约 1.5 m，高约 50 cm，体重约 10 kg。纤细盗龙看上去弱小而苗条，体重还没有一条较大的鱼重，但它却是地地道道的肉食性恐龙，是一个赫赫有名的掠食者。像那些活蹦乱跳的小蜥蜴，它一口即可吞下去，它那凶狠的目光充满杀气，像是在搜巡待捕杀的猎物。

　　纤细盗龙是中生代白垩纪时期生活在亚洲（中国）的一种小型肉食性动物。

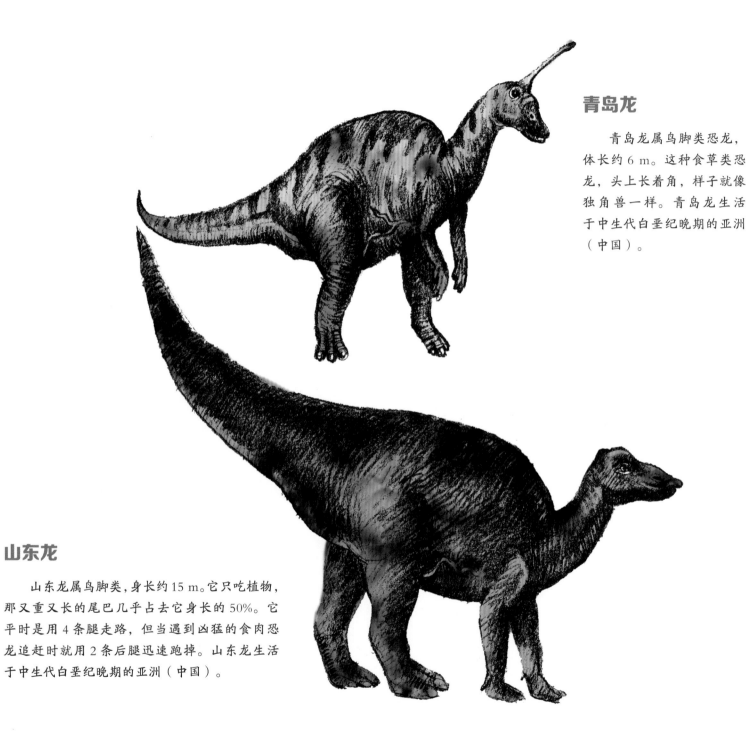

青岛龙

青岛龙属鸟脚类恐龙，体长约 6 m。这种食草类恐龙，头上长着角，样子就像独角兽一样。青岛龙生活于中生代白垩纪晚期的亚洲（中国）。

山东龙

山东龙属鸟脚类，身长约 15 m。它只吃植物，那又重又长的尾巴几乎占去它身长的 50%。它平时是用 4 条腿走路，但当遇到凶猛的食肉恐龙追赶时就用 2 条后腿迅速跑掉。山东龙生活于中生代白垩纪晚期的亚洲（中国）。

优椎龙

  优椎龙体长约 7 m，属大型肉食性恐龙。它脑袋很大，大嘴中长满锋利无比的牙齿，它那既强壮又很长的后腿不仅支撑了全身数吨的体重，而且还能使其迅速地奔跑追赶猎物。优椎龙生活在中生代白垩纪晚期的欧洲。

胜王龙

　　胜王龙属兽脚亚目，肉食性恐龙。它体长 7.6~9 m，身高约 2.4 m，体重 4~8 t。胜王龙后肢粗壮发达，前肢短小。该龙最早发现于印度的纳巴达县，因此又称纳巴达胜王龙。早在 1983 年其化石就被发掘，由于当时研究条件限制，因此这些珍贵化石被挖掘后一直无人问津。直至 2001 年，美国古生物学家对它们进行了研究、整理，胜王龙才得以问世。胜王龙是中生代白垩纪晚期生活在亚洲（印度）的一种凶残的肉食性动物。

凹齿龙

　　凹齿龙属鸟臀目禽龙科。它与白垩纪早期的禽龙有亲缘关系。凹齿龙是中生代最后一个时间段——白垩纪晚期（恐龙大灭绝前叶）生活在欧洲法国南部岛屿上的一种杂食性恐龙。

厚甲龙

　　厚甲龙属结节龙科（具重甲型恐龙），体长约 3 m。它坚固而硬的甲片是自身的防御武器。厚甲龙是中生代白垩纪晚期生活在欧洲（罗马尼亚、奥地利、法国）的一种植食性爬行动物。

林 龙

　　林龙属结节龙科，体长约 6 m。它是 1830 年被著名的英国古生物学家吉迪恩·曼特尔发现的。它背上具有扩展的骨板和棘突防护甲。林龙是中生代白垩纪早期生活在欧洲（英国、法国）的植食性动物。

包头龙

　　包头龙是甲龙的一种，体长约 6 m，高约 1.8 m，重约 2.3 t。植食性动物。这种具重甲的恐龙遇到掠食者时不会逃走，而是坚守阵地，它伏在地上来保护没有骨板棘突保护的腹部，肉食性凶猛的恐龙拿它也没有办法。

　　这种重甲植食性爬行动物于中生代白垩纪晚期生活在北美洲的加拿大。

萨尔塔龙

　　萨尔塔龙化石被发现后，于1980年以发现地——阿根廷的萨尔塔省命名。它体长约12 m，比现在的成年象要长得多和重得多。它的皮肤上长满了防护性骨板。萨尔塔龙是中生代白垩纪晚期生活在南美洲阿根廷和乌拉圭的植食性恐龙。

巨兽龙

巨兽龙的体型比霸王龙的体型还要大。霸王龙体长约 12 m，身高约 6 m，体重约 8 t，而巨兽龙体长达 16 m，体重 6～8 t，身高约 6.2 m，都胜过霸王龙，它仅头骨长度就达 1.8 m。所以，一些古生物学家认为巨兽龙是当时地球上所有肉食性恐龙中个头最大的，也是最神秘的肉食性恐龙之一。世界上第一具巨兽龙化石直到 1994 年才被一个名叫鲁木·卡罗利尼的人在南美洲的阿根廷发现，体重达 16 t，最长的牙齿达 20 cm。它虽然是恐龙中的庞然大物，但跑起来却不笨，其时速可达 24 km/h。它可以杀死身高 20 m 的食草恐龙。其生存年代为中生代白垩纪时期。

禽 龙

　　禽龙属双足类鸟脚亚目恐龙，体长约 9 m，重约 4.5 t，植食性动物。其名字的含义是"鬣蜥的牙齿"。它是中生代白垩纪早期生活在欧洲、亚洲、北美洲及非洲（北非）等地区的一种恐龙。

雷克斯暴龙

　　雷克斯暴龙属暴龙属，体长约 12 m，是最凶残、恐怖的肉食性动物之一。它的脑容量比南方巨兽龙大 2 倍，奔跑速度更快。它生活于中生代白垩纪晚期。它的骨骼化石是在美国的南达科他州被发现的。

扇冠大天鹅龙

　　扇冠大天鹅龙属蜥脚目，体长 10~12 m，与一辆大公交车一样长，身高约 4 m，体重 2~3 t，属大型植食性恐龙。其头上长有一个奇特的头冠，看上去就像一把华丽的扇子。头冠内是空腔，当气流从头冠中穿过时很可能会发出响亮的声音。扇冠大天鹅龙是中生代白垩纪时期生活在亚洲的一种体型巨大的食草兽。

黄河巨龙

　　黄河巨龙属蜥脚类恐龙，素有"亚洲龙王"之称。它体长约 18 m，身高约 7 m，体重约 50 t，仅一只脚趾骨就达 20 cm 长，它的臀部近 3 m 宽。它的胃口极大。黄河巨龙是中生代白垩纪时期生活在亚洲（中国）黄河流域的一种体型巨大的植食性动物。

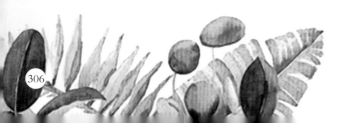

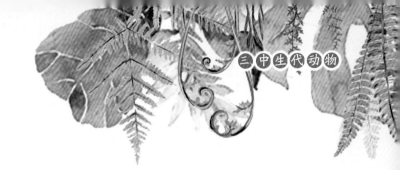

三角龙骨骼

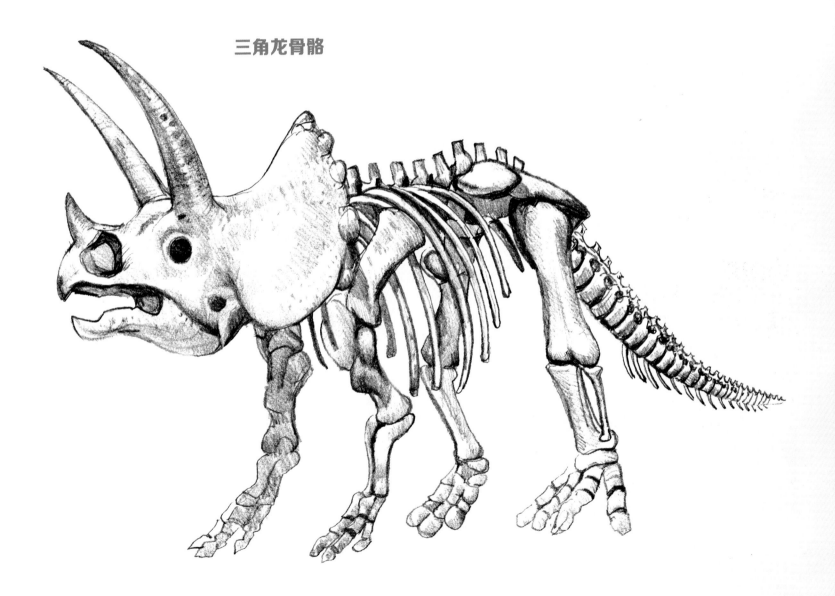

暴 龙

暴龙体长约 12 m, 是一种凶狠残暴的肉食性恐龙，是极恐怖的恐龙之一。它的身长比现今的长颈鹿还要长得多。暴龙生活在中生代白垩纪晚期的美国、加拿大。

似鸵龙

埃德蒙特龙

埃德蒙特龙是一种过群居生活的草食恐龙。它们生活在中生代白垩纪晚期。

刺盾角龙

刺盾角龙属角龙亚目，体长约 5.5 m，重约 3 t。它名字的含义是"带刺的蜥蜴"。它生存于中生代白垩纪晚期的美国、加拿大。

似鸡龙

似鸡龙属似鸟龙科，体长约 6 m，是似鸟龙科中较大的恐龙。杂食性动物。它生存于中生代白垩纪晚期的亚洲（蒙古）。

普龙巴克特龙

普龙巴克特龙体长约 6 m，它和禽龙有亲缘关系，体大笨重，行动迟缓，大部分时间四腿着地走路，以植物为食。普龙巴克特龙为中生代白垩纪早期恐龙，生活在亚洲。

阿克罗肯龙

阿克罗肯龙的名字含义是"有高棘的蜥蜴"，体长约 13 m，属大型食肉性恐龙。它是一种身体强壮、捕食和残杀其他恐龙的食肉性野兽。阿克罗肯龙生活在中生代白垩纪早期的北美洲。

泰南吐龙

泰南吐龙属鸟脚龙，体长约 7.5 m。它是一种又大又笨的食草动物，经常遭到恐爪龙那样凶猛、动作敏捷的食肉恐龙的袭击。泰南吐龙是中生代白垩纪早期动物。

胄甲龙

胄甲龙属结节龙（具重甲的恐龙），体长约 4.5 m，为食草性恐龙。它全身装备骨质盔甲，看上去与大象相当，可防御食肉恐龙的袭击。胄甲龙生活于中生代白垩纪晚期的北美洲。

厚甲龙

原角龙

原角龙属有角恐龙，体长约 3 m，属食草性动物。它的喙和鹦鹉的喙很像，而且强壮有力。它在颈部后面还长着一个大壳皱（骨质的），人们发现过大约 8 000 万年前的原角龙骨骼化石。原角龙生活在中生代白垩纪晚期的亚洲（蒙古）。

后凹尾龙

后凹尾龙体长约 12 m，是一种大型食草性恐龙。它长着长而强壮的大尾巴，当用后腿直立起来吃树高处的枝叶时，尾巴就像"第三条腿"支撑在地上，以保持身体平衡。后凹尾龙生活在中生代白垩纪晚期的亚洲。

帕克索龙

帕克索龙体长约 2.5 m。这种小型植食恐龙成群生活在一起，一旦遇到危险，能以最快速度逃离。帕克索龙生活于中生代白垩纪晚期的亚洲。

原蜥冠鳄

原蜥冠鳄体长约 8 m，属于鸭嘴兽类恐龙。它的头顶部有一个骨质冠状物，骨冠末端是一个骨脊突。原蜥冠鳄属于植食性动物，生活于中生代白垩纪晚期的北美洲。

古似鸟龙

　　古似鸟龙体长约 3.3 m。它的形态很像一只大型的鸵鸟，在中国发现的恐龙化石中，古似鸟龙化石占了很大一部分。它身材苗条，奔跑速度与鸵鸟一样快。它以蜥蜴、昆虫和植物果实等为食，是杂食性动物。古似鸟龙是中生代白垩纪时期生活在亚洲（中国）的一种类似鸵鸟的动物。

中国角龙

　　中国角龙属蜥脚目角龙科，体长 6~7 m。角龙的家族群体绝大部分分布在北美洲，在亚洲的东方发现的角龙是很少的。中国角龙身强体壮，它长在鼻梁上的那个巨大且粗壮、锋利的尖角足有 30 cm 长，是防御肉食性猛兽的强有力的武器，其他角大多数都长在头盾上。中国角龙是中生代白垩纪时期生活在亚洲（中国）的大型植食性动物。

单爪龙

单爪龙长相奇特，其前肢上各长有一个单爪。据科学家推测，前肢上这对单爪可能是单爪龙用来挖掘白蚁洞穴的，单爪龙可能非常喜欢吃昆虫。它后肢发达，奔跑速度相当快。单爪龙是史前中生代白垩纪时期一种长相像鸵鸟的杂食性动物。

兰州龙

兰州龙体长约 10 m，身高约 4.3 m，体重可达 5 t，属超大型恐龙。它的牙齿是植食性恐龙中最大的，牙齿长约 14 cm，宽约 7.5 cm；四肢及尾部强壮有力。兰州龙是中生代白垩纪时期生活在亚洲（中国）的一种大型爬行动物。

侧空龙

侧空龙属蜥脚类恐龙，体长 9~18 m，体重为 20~45 t。侧空龙是中生代白垩纪早期生活在北美洲（美国）森林地带的一种巨大的植食性动物。

锦州龙

锦州龙属鸭嘴龙类，体长约 7 m，臀高约 2.8 m，体重 1~1.5 t，属大型恐龙。它的前肢的拇指就像一个大钉子，是用来防御、对付肉食性恐龙的利器；它的后肢强壮有力。锦州龙是中生代白垩纪时期生活在亚洲（中国）的植食性动物。

谭氏龙

谭氏龙属鸭嘴龙类，体长 4~5 m。谭氏龙是中生代白垩纪时期生活在亚洲（中国）的大中型植食性动物。

中原龙

中原龙属甲龙类，体长约 5 m，身高约 1.2 m，体重约 1.5 t。中原龙是中生代白垩纪时期生活在亚洲（中国）身披御骨甲和尖刺的植食性恐龙。

热河龙

热河龙体长不足 1 m，是植食性恐龙。它有一双大大的眼睛、尖尖的嘴巴和长长的尾巴。它身体苗条，奔跑速度快。热河龙是中生代白垩纪时期生活在亚洲（中国）的一种小型恐龙。

荒漠龙

　　荒漠龙体长约 3 m，奔跑速度极快，在同时期陆地上的动物中首屈一指，所以很难有肉食性掠夺者能够追上它。荒漠龙是中生代白垩纪时期生活在非洲的一种小型植食性恐龙。

厚鼻龙

厚鼻龙属有角恐龙，体长约 5 m。它的眼睛上方长着厚实的骨垫，代替了角，专家认为这种骨垫是同类在争夺配偶时用来进行头战的。厚鼻龙是中生代白垩纪晚期生活在北美洲的植食性恐龙。

钉背龙

钉背龙是一种甲龙。它是 1.3 亿年前中生代白垩纪时期生活在欧洲英国的一种植食性恐龙。

森林龙

森林龙是甲龙的一种。植食性动物。森林龙生活在 1.3 亿年前中生代白垩纪时期的欧洲英国。

拜伦龙

　　拜伦龙体长约 1.5 m，身高约 0.5 m，体重约 4 kg。拜伦龙是为了纪念蒙古国立大学的拜伦先生，感谢他对蒙古科学院、美国自然历史博物馆的古生物学玩具团队的支持而命名的。该龙体型较小，牙齿细小呈针状，以小型鸟类、蜥蜴及哺乳动物为食。拜伦龙是中生代白垩纪晚期生活在亚洲（蒙古）戈壁荒原上的一种长相很像鸟的肉食性恐龙。

笨爪龙

　　笨爪龙体长约 6 m，大型肉食性恐龙。在它的上下颌中，长着相当于大部分肉食恐龙 2 倍多的牙齿。它的前爪上各长有一个长约 30 cm 的弯曲成钩状的爪，可能是用来猎食的重要武器。笨爪龙属中生代白垩纪早期的动物，分布在欧洲。

巨盗龙

　　巨盗龙体长约 8 m，高约 5 m，体重约 1.5 t。它的重量与霸王龙不相上下，它是恐龙家族中和鸟类关系较近的成员。它双腿修长，身体直立，颈部细长，这些特征都与鸟很像，是力量和速度都具备的动物。巨盗龙是中生代白垩纪时期的一种生活在亚洲（中国），长相很像鸵鸟的一种肉食性巨型野兽。

南方猎龙

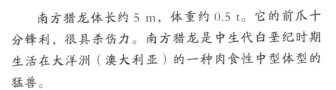

　　南方猎龙体长约 5 m，体重约 0.5 t。它的前爪十分锋利，很具杀伤力。南方猎龙是中生代白垩纪时期生活在大洋洲（澳大利亚）的一种肉食性中型体型的猛兽。

栾川盗龙

栾川盗龙属小型恐龙，体长约 2.6 m，高约 0.8 m，体重约 15 kg。栾川盗龙是中生代白垩纪时期生活在亚洲（中国河南）的一种肉食性恐龙。

似驰龙

似驰龙体长 2.5~3 m，高约 1 m，体重约 50 kg。它是小型掠食者，喜欢结群狩猎，猎食和挑战比它大几十倍的巨型植食性恐龙。似驰龙是中生代白垩纪时期生活在欧洲（丹麦）的一种小型肉食性动物。

鲨齿龙

鲨齿龙的名字含义是"长了鲨鱼牙齿的爬行动物",属鲨齿龙科,体长约 12.2 m,体重 7 t 多,与巨兽龙的个头不相上下。它是体型庞大且极其凶残的肉食性野兽,可以轻易杀死体型、个头较大的植食性恐龙。白垩纪晚期,鲨齿龙是南半球各大陆及北美洲最大型的掠食动物,占据着各食物链的顶端。然而,在距今 9 300 万年前,该龙突然全部从地球上消失。相比之下,实力、反应能力、速度更为出色的暴龙取代了它。鲨齿龙是中生代白垩纪时期生活在非洲的阿尔及利亚、埃及、摩洛哥、尼日尔等地的一种凶猛的肉食动物。鲨齿龙的化石是 1925 年由德国古生物科学家发现的,但万分遗憾的是这些珍贵的史前动物化石在第二次世界大战中被毁坏了。

盔头龙

　　盔头龙属鸟脚类恐龙，体长约9 m。植食性动物。盔头龙是中生代白垩纪晚期生活在北美洲（美国、加拿大）的一种恐龙，它的遗骸化石是在加拿大艾伯塔省恐龙公园被发现和挖掘出来的。

食肉牛龙

　　食肉牛龙因为它头顶上长有一对类似牛角的结构而被命名。它是已知奔跑速度较快的大型恐龙，时速可达60 km/h，堪称为白垩纪时期的"猎豹"。食肉牛龙是中生代白垩纪晚期（7 500 万年前）生活在南美洲（阿根廷）丛林地带的一种肉食性动物。

马普龙

　　马普龙体长约 11.5 m，体重约 5.5 t。肉食性动物。它和南方巨兽龙有近亲关系，两者外形也较相似。它的化石是阿根廷与加拿大科学家共同组成的考察团队发现的。马普龙是中生代白垩纪晚期生活在南美洲（阿根廷）森林地带的一种凶猛的掠食者。

高棘龙

　　高棘龙得名于其背部的神经突。古生物学家分析，它的神经脊突有可能是用来进行沟通信息的"语言"器官，或者是像现代的骆驼的驼峰，用来储存脂肪以供身体需要，或者是控制和调节体温用。
　　高棘龙是中生代白垩纪早期生活在北美洲（美国）森林地带的一种肉食性恐龙。

畸形龙

　　畸形龙属蜥脚类，体型巨大。这种恐龙身体覆盖有六边形鳞甲。第一具畸形龙化石是在葡萄牙被发现的。畸形龙是中生代白垩纪早期生活在欧洲（葡萄牙、英国）的一种巨型植食性恐龙。

怪味龙

　　怪味龙属盘足龙科的蜥脚类恐龙。它的化石是在亚洲东南部老挝的沙湾拿吉省附近被发现的，目前仅发现两三个标本。怪味龙是中生代白垩纪晚期生活在亚洲（老挝）的一种大型植食性动物。

塔博龙

塔博龙体长约 14 m，属大型肉食性恐龙。它长着巨大的头，上下颌长满了剃刀般的牙齿，十分凶残，时常以巨大的食草动物，如鸭嘴龙等具重甲的恐龙为食。塔博龙生活于中生代白垩纪晚期的亚洲。

蛇发女怪龙

蛇发女怪龙属暴龙科。它的近亲是艾伯塔龙，而且两者很相似：头大而短且有呈"s"形的颈部，短而细弱的前肢，强壮的双后腿。它与达斯布雷龙生活在同一历史时期。蛇发女怪龙作为顶级掠食者，经常捕杀大型植食性恐龙——鸭嘴龙、尖角龙为食。蛇发女怪龙是中生代白垩纪晚期生活在北美洲（加拿大、美国）等地河道泛滥的平原地区的猛兽。

闪电兽龙

闪电兽龙属鸟脚亚目恐龙，体长约 2 m。闪电兽龙的名字来源于它的发现地——新南威尔士的闪电岭，那里是著名的蛋白石矿产地和恐龙化石遗址。1992 年，人们在那里只发现了它的颅骨、股骨和牙齿，很不完整。闪电兽龙是中生代白垩纪早期生活在大洋洲（澳大利亚南威尔士州）的一种植食性恐龙。

准角龙

准角龙属角龙目准角龙属。体长约 6 m，体重约 5 t。这种恐龙要比三角龙小很多，头盾狭长，脊椎后弯并具有锯齿状的边缘。它的头盾中央还有一个明显的分界脊。准角龙是中生代白垩纪晚期生活在北美洲（加拿大艾伯塔省）的沼泽湿地中，以植物为食的恐龙。

南方巨兽龙

南方巨兽龙属兽脚亚目恐龙，体长12~14 m，身高约 6 m，体重 6~8 t。南方巨兽龙最大的特征是头大，它的头接近 2 m 长，是肉食性恐龙中脑袋较大的。

南方巨兽龙是中生代白垩纪时期生活在南美洲（阿根廷）的一种凶残的肉食性猛兽。

乌尔禾龙

乌尔禾龙属剑龙科，体长约 7 m，身高约 2 m，重约 2.5 t。神奇的剑龙家族虽然背上都长有骨板，但骨板形状各式各样，有桃形骨板、梨形骨板、标枪头骨板和棘刺形刺突，而乌尔禾龙却长有长方形骨板。乌尔禾龙是中生代白垩纪时期生活在亚洲（中国）的一种大型植食性恐龙。

奥沙拉龙

到目前为止，被发掘出的奥沙拉龙化石只有2块。据古生物学家推测，奥沙拉龙的体长12~14 m，体重7~10 t，是目前在巴西发现的较大的兽脚类恐龙之一。在全球兽脚类恐龙中，该龙体型仅次于棘龙、霸王龙、巨兽龙和魁纣龙。

奥沙拉龙是中生代白垩纪中期（9 800 ~ 9 300万年前）生活在南美洲（巴西）河流、湖泊附近的一种凶猛的、残忍的食肉性猛兽。

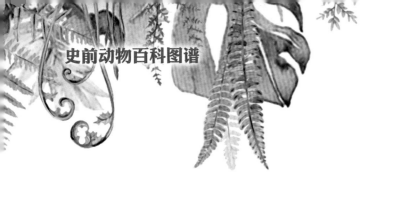

东阳龙

东阳龙属蜥脚类恐龙，体型巨大，体长可达 27 m，身高约 6 m，体重 35~40 t。东阳龙是中生代白垩纪时期生活在亚洲（中国）的一种庞大的植食性动物。

斗吻角龙

斗吻角龙属角龙类，体长约 1 m，体重约 18 kg。它是角龙家族中最古老的成员之一，最大的特点是头大、下巴大，其下巴的形状像一个大漏斗。斗吻角龙是中生代白垩纪时期生活在北美洲的小型植食性恐龙。

皱褶龙

皱褶龙体长 7~9 m，身高约 2.5 m，体重约 1 t。它脸上长满了皱褶，奔跑速度快，是一个凶残的掠食者。

皱褶龙是中生代白垩纪时期生活在非洲的一种食肉性猛兽。

特暴龙

特暴龙体长约 14 m，食肉性恐龙。这种凶残的恐龙靠突然爆发的速度来攻击和猎食其他恐龙。特暴龙生活在中生代白垩纪晚期的亚洲（蒙古）。

似鸟龙

似鸟龙体长约 4 m，1917年人们才第一次发现它的化石。它奔跑速度快，与其他恐龙不同的是它全身长满了像鸟类一样的羽毛。似鸟龙是中生代白垩纪时生活在中国和美国的动物。

微角龙

微角龙是恐龙家族中的小个子，体长只有 80 cm，属于角龙亚目中的"侏儒"。植食性动物。微角龙是中生代白垩纪晚期生活在亚洲（中国、蒙古）的一种小型恐龙。

龙栉龙

龙栉龙属鸭嘴龙科，体长约 9.8 m，身高约 3.5 m，体重 2~3 t。它头上长了 3 根骨质长刺。龙栉龙是中生代白垩纪时代的恐龙，植食性动物，生活在亚洲和北美洲。

帝 龙

帝龙是"帝皇龙"的意思，2004 年被命名。它被鉴定为一种原始暴龙——霸王龙的祖先。帝龙身上长有羽毛，尾部的羽毛在末端形成一簇，可能是用来发出信号的。这引出一个热点问题：霸王龙身上有没有羽毛？帝龙是中生代白垩纪早期生活在中国的一种恐龙。

无畏龙

无畏龙属鸭嘴禽龙类恐龙，植食性动物。它的颌两边有一大群牙齿，用来撕碎和嚼烂食物。它的背部有一排带刺的棘状突起，可能是用来吸收热量调解体温的。无畏龙是中生代白垩纪早期生活在非洲的恐龙。

河源龙

　　河源龙是首个在中国被发现的窃蛋龙类恐龙，其身体结构与鸟类相近。1999 年 7 月，中国广东河源市出土的 7 具恐龙化石均为河源龙。河源龙既保留了小型兽脚类恐龙的一些特征，又具有某些鸟类的基本特征，是恐龙向鸟类进化的中间物种。河源龙是中生代白垩纪晚期（7 500 万年前）生活在亚洲（蒙古、中国）的一种像鸟的杂食类动物。

驰　龙

　　驰龙的头很大，说明它很聪明，四肢修长，视力出色，奔跑速度快，身上具有长羽毛的痕迹，是恐龙向鸟类进化的重要证据。令人兴奋的是驰龙是人类发现的第一种脚上长有镰刀爪的恐龙，它的第二趾十分锋利，既能砍，又能劈，是一件十分厉害的武器。

　　驰龙是中生代白垩纪晚期（7 600 万 ~7 400 万年前）生活在中国、美国、加拿大的一种肉食性猛兽，栖于森林和平原地区。

古角龙

古角龙其实没有角，只是头顶的突起像角。体长 1 m 左右。它的喙很像现代的鹦鹉嘴，十分锋利。古角龙化石最早发现于中国甘肃省马鬃山地区。1996 年由董枝明及东洋一为其命名。古角龙是中生代白垩纪晚期生活于亚洲（中国）和北美洲的一种植食性爬行动物。

波塞冬龙

波塞冬龙属腕龙科，体长 30~34 m，身高约17 m，体重约 50~60 t，是目前已知最高的恐龙之一，但并非最大、最重的恐龙。它属巨型蜥蜴类恐龙，它的化石是 1994 年在美国俄克拉荷马州被发现的。波塞冬龙是中生代白垩纪早期生活在北美洲（美国）森林地带的一种巨型植食性恐龙。

镰刀龙

　　镰刀龙属兽脚亚目恐龙，植食性动物。它们是苏联古生物学家发现并挖掘出来的，当他们发现这种动物长着 1 m 长的镰刀状爪子时，都以为是巨型海龟留下的。由于镰刀龙的其他骨骼是陆续被发现的，因此直到 1993 年，镰刀龙的近亲——阿拉善龙在中国被发现，镰刀龙才被鉴定为恐龙。镰刀龙嘴里有细小的牙齿，因此古生物学家判定它是植食性恐龙。

　　镰刀龙是由叶浦根尼·马列夫于 1954 年命名的。它是中生代白垩纪晚期生活在亚洲 (蒙古) 的素食恐龙，是由苏联挖掘队于 20 世纪 50 年代在蒙古挖掘出来的。

波塞冬龙

戈壁龙

戈壁龙属甲龙科大型恐龙。其遗骸化石发现于中国内蒙古自治区巴彦淖尔市乌梁素组，包含一个颅骨和部分颅后骨。头颅骨长约 46 cm，宽约 45 cm。戈壁龙与沙漠龙较为相似。戈壁龙是中生代白垩纪晚期生活在亚洲（中国内蒙古自治区）沙漠地带的一种植食性恐龙。

葬火龙

葬火龙属体型较大的窃蛋龙类恐龙，它头顶的脊冠很特别，与现代食火鸡（鹤鸵）非常象似。它是卵生动物，它的蛋是窃蛋龙类中较大的。它一次可孵 22 枚蛋，蛋长可达 18 cm，比窃蛋龙的蛋还要长 4 cm。它是杂食性动物。葬火龙于中生代白垩纪晚期（7 500 万年前）生活在亚洲（蒙古）的荒漠中。

蜥结龙

　　蜥结龙属蜥脚鸟臀目甲龙科，属最原始的甲龙之一。体长约 7.5 m，身高约 1.2 m，体重约 1.5 t。它身上有一套完整的防御装备，脖子、背、臀部均覆盖着坚硬的甲片，身体两侧又有大型锋利的棘刺保护。这些装备足以满足蜥结龙的防御和进攻的需要。它的尾巴特别长，这条长满尖刺的尾巴对敌人也是一个威胁。蜥结龙是中生代白垩纪时期生活在北美洲的一种植食性大型爬行动物。

栉 龙

栉龙属鸭嘴龙科，体长约 9 m，属鸟脚类大型食草性恐龙。它的头顶后部长着长长的骨质尖刺，可以像气球一样膨胀起来，使栉龙的鸣叫更响亮。这种叫声是同类间相互联系的信号。栉龙生活于中生代白垩纪晚期的北美洲。

副龙栉龙

副龙栉龙体长约 10 m，属大型食草性鸟脚龙。它的头顶上有个长而薄的冠状物，冠的末端正好与背部的凹处相会合。当它昂头跑步时，就可将冠搭在背上。副龙栉龙生活于中生代白垩纪晚期的北美洲。

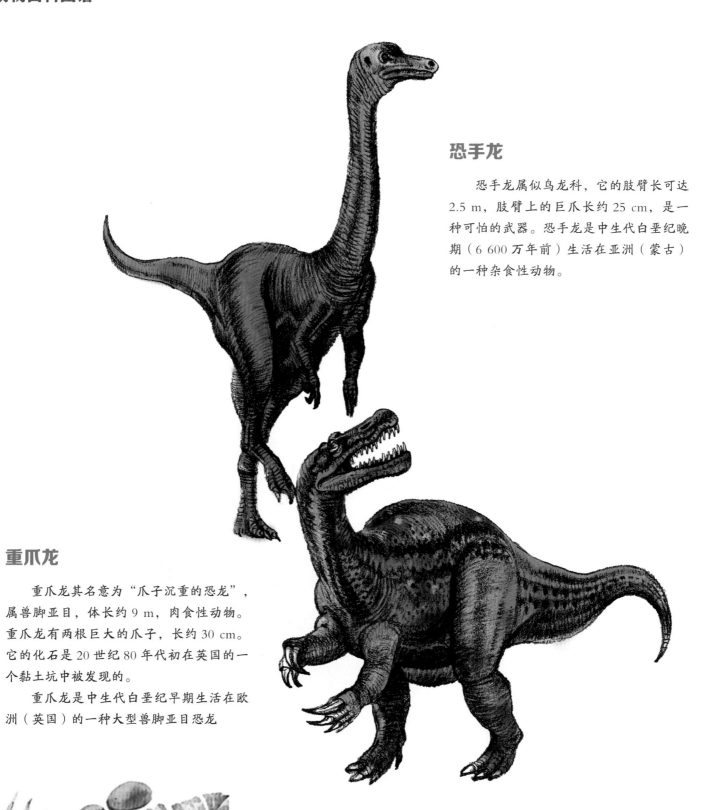

恐手龙

　　恐手龙属似乌龙科，它的肢臂长可达2.5 m，肢臂上的巨爪长约25 cm，是一种可怕的武器。恐手龙是中生代白垩纪晚期（6 600万年前）生活在亚洲（蒙古）的一种杂食性动物。

重爪龙

　　重爪龙其名意为"爪子沉重的恐龙"，属兽脚亚目，体长约9 m，肉食性动物。重爪龙有两根巨大的爪子，长约30 cm。它的化石是20世纪80年代初在英国的一个黏土坑中被发现的。

　　重爪龙是中生代白垩纪早期生活在欧洲（英国）的一种大型兽脚亚目恐龙

非洲猎龙

　　非洲猎龙是一种大而灵活、反应敏捷的兽脚类恐龙。体长8~9 m，牙齿锐利，齿长约5 cm，手有趾。它的遗骸化石是在撒哈拉沙漠中被发现的。非洲猎龙是中生代白垩纪早期生活在非洲沙漠地带的一种食肉性掠食猛兽。

头甲龙

　　头甲龙体长约10 m。食草性恐龙。它身上布满了骨质尖锥形物质，尾部末端呈锤状，可作为击打天敌的防御武器。头甲龙是中生代白垩纪晚期动物。

腱 龙

　　腱龙属鸟脚亚目恐龙，体长约 8 m，体重超过 1 t。植食性动物。它体型庞大，是禽龙的"亲戚"。腱龙是中生代白垩纪早期生活在北美洲（美国）的棱齿科恐龙。

金塔龙

　　金塔龙属蜥脚目，是禽龙向鸭嘴龙进化的过渡种类，体长约 6 m。金塔龙生活在当时亚洲（中国）的甘肃，所以古生物科学家由此推断鸭嘴龙可能发源于亚洲。金塔龙是中生代白垩纪时期生活在中国的一种大型植食性恐龙。

多刺甲龙

　　多刺甲龙属鸟臀目甲龙科。体长 4~5 m，身高约 1 m，体重约 1 t。植食性动物。它看上去就像是一个巨型刺猬，将自己全身都防御得严严实实的。它的臀部有像盾牌一样巨大的骨板，颈部和背部有圆形骨片，尾巴上还有两排尖利的骨刺。当敌人攻击它时，它会将身体蜷缩起来，尖刺林立，再凶猛的掠食者也无从下口。多刺甲龙是中生代白垩纪时期生活在欧洲的大型爬行动物。

伤齿龙

　　伤齿龙体长 2 m，体重 40~50 kg。它奔跑速度快，喜欢夜间活动。伤齿龙因其极具杀伤力的牙齿而得名，它的嘴里有 100 颗锋利的牙齿，而每颗牙齿的边缘都有锯齿。伤齿龙生活在中生代白垩纪晚期。它的化石是在 1855 年被发现的，它于 1856 年被美国古生物学家约瑟夫·莱迪命名为"伤齿龙"。

巧合角龙

巧合角龙体长约 2 m，头盾很小，没有角。它的遗骸化石发现于澳大利亚维多利亚东南部的恐龙湾。它是唯一一只发现于南半球的原角龙科恐龙。巧合角龙是中生代白垩纪早期生活在澳大利亚的植食性动物。

剑角龙

　　剑角龙体长约 2 m。它长着一个又方又圆的头，头骨顶部由致密坚硬的骨质构成。这种剑角龙是过群居生活的，当它们争夺领导权时，坚硬的头部也是用来决斗的武器。剑角龙生活在中生代白垩纪晚期的北美洲。

鹦鹉嘴龙

　　鹦鹉嘴龙体长约 1 m，这种外形奇特的动物长着一个像鹦鹉一样的角质喙。它的译名是"鹦鹉蜥蜴"的意思。鹦鹉嘴龙生活于中生代白垩纪早期的亚洲。

狭爪龙

　　狭爪龙体长约 2 m，眼睛很大，直径约有 5 cm，能在黑暗中捕猎。它常出没在森林中，捕捉小型哺乳类和爬行类动物。狭爪龙出现在中生代白垩纪晚期。

维洛西拉龙

维洛西拉龙体长约 2 m，是一种凶猛的肉食性动物。人们已经发现该龙将一只有角龙抓在身下的骨骼化石。维洛西拉龙生活于中生代白垩纪晚期。

楔齿龙

　　楔齿龙是凶猛的肉食性恐龙。它的下肢强有力，上下颚中布满了尖锐的锯齿状尖牙。楔齿龙生活于中生代白垩纪时期。

偷蛋龙

　　偷蛋龙会为它的卵筑一个巢，然后坐在上面，直到它的卵孵化。偷蛋龙生活于中生代白垩纪时期的亚洲（中国）。

伶盗龙

　　伶盗龙拉丁语的意思是"敏捷的盗贼"，它是一个残忍的杀手，是一种肉食性恐龙。伶盗龙生活于中生代白垩纪时期的亚洲（中国、蒙古）。

鹦鹉嘴龙

原角龙

阿瓦拉慈龙

　　阿瓦拉慈龙属兽脚亚目恐龙，体长约 2 m，植食性恐龙。它的近亲在蒙古被发现，它可能与鸟类的恐龙祖先有着非常近的亲缘关系。它是 1991 年根据一具不完整的骨架化石被命名的。阿瓦拉慈龙是中生代白垩纪晚期生活在南美洲阿根廷的动物。

阿贝力龙

　　阿贝力龙属兽脚亚目恐龙，体长约 9 m。肉食性动物。阿贝力龙是中生代白垩纪晚期生活在南美洲阿根廷的一种凶残的野兽，其体型与很多暴龙接近。但是阿贝力龙属于另一类兽脚亚目恐龙，这类恐龙有着高高的头颅，其眼部上通常有冠饰。阿贝力龙还曾在马达加斯加岛和印度生活过。

甲 龙

甲龙体长 10 m 多，以植物为食。其身上布满了防御肉食动物袭击用的骨质甲龙，尾端的锤形物也是用来自卫的武器。甲龙生活于中生代白垩纪晚期的北美洲。

马扎尔龙

马扎尔龙属蜥脚亚目恐龙，体长约 6 m，植食性动物。马扎尔龙与它的近亲，体长达 12 m 或更长的泰坦龙相比要小得多，古生物学家认为这是一种"侏儒恐龙"。它于中生代白垩纪晚期生活在欧洲罗马尼亚的哈提格岛上。

埃德蒙顿龙

埃德蒙顿龙属鸭嘴龙科，是结节龙科中最大的恐龙之一，体长约 13 m。它是一种缺少棒状尾巴的甲龙，体格比现在的犀牛还要壮实，不仅尾巴上布满了大片骨板，连颈部及头部也有骨板保护，成年埃德蒙顿龙很少会受到掠食者的攻击。它的名字是根据加拿大艾伯塔省首府埃德蒙顿的名字命名的。有些埃德蒙顿龙的标本仍存有胃内食物，从胃里食物看它是植食性动物。埃德蒙顿龙是中生代白垩纪晚期生活在北美洲（加拿大）地区的恐龙。

蜥鸟龙

蜥鸟龙属伤齿龙科，体长约 3 m。肉食性动物。它身上覆盖着羽毛，视力好，行动速度快，以蜥蜴和哺乳动物为食。它前肢有长长的爪，用来帮助其捕捉猎物。蜥鸟龙是中生代白垩纪晚期生活在蒙古的恐龙。

沼泽龙

沼泽龙属鸟脚类亚目恐龙，体长约 4 m，植食性动物，是最原始的鸭嘴龙。沼泽龙独立地生活在孤岛上，与其北美和亚洲的"亲戚"比起来，它的进化速度慢得多。沼泽龙生活于中生代白垩纪晚期的罗马尼亚。

西爪龙

西爪龙体长约 60 cm，体重约 1.5 kg。它是恐龙中的"侏儒"。西爪龙爱吃肉，但它却没有其他肉食恐龙那样的威风，它的体重还没有一只鸭子重，但小有小的优势，一是动作轻盈快捷，不会被大的食肉恐龙抓到；二是食量小，捕到一只小蜥蜴即可填饱肚子，可以几日不再进食。西爪龙是中生代白垩纪时期生活在北美洲（加拿大）的一种较小的肉食恐龙。

印度鳄龙

印度鳄龙体长约 6 m，双后肢走路。肉食性动物。它是阿贝利龙的近亲，仅有头颅化石被发现和挖掘。印度鳄龙是中生代白垩纪晚期生活在亚洲（印度）丛林中的一种凶猛掠食者。

富塔隆柯龙

富塔隆柯龙属蜥脚类泰坦龙科，体长 32~34 m。植食性动物。它的化石于 2000 年在阿根廷内乌肯省被发现，直到 2007 年才被正式公开，其学名的意思是"巨大的首领蜥蜴"。

富塔隆柯龙是中生代白垩纪晚期（8 700 万年前）生活在南美洲（阿根廷）森林及平原地带的一种巨型恐龙。

瑞氏普尔塔龙

瑞氏普尔塔龙属巨型蜥脚类恐龙，体长 35~40 m，体重达 80~110 t。植食性动物。其胸腔直径达 5 m，可将一头当今非洲最大的成年象装入胸腔。

瑞氏普尔塔龙是中生代白垩纪晚期（7 000 万年前）生活在南美洲（阿根廷）的一种超级巨型植食性动物。

南极龙

南极龙属泰坦巨龙科，系蜥脚类恐龙，体长约18 m。植食性动物。虽然它被称作南极龙，但其残骸被发掘的地方并非南极，而是南美洲和印度，这两个地方曾经是南方大陆——冈瓦纳古陆的一部分。南极龙是中生代白垩纪晚期生活在南美（阿根廷、乌拉圭、智利、巴西）和亚洲（印度）的恐龙。

阿根廷龙

阿根廷龙属蜥脚类恐龙，泰坦巨龙科，体长约30 m，经专家推算一只成年阿根廷龙的体重能达到80~100 t。该龙是在1993年被命名的。鉴于其庞大的身躯，据专家推断，它每天的食量将重达数吨。阿根廷龙是中生代白垩纪晚期生活在南美洲（阿根廷）的一种庞大的植食性恐龙。

伯尼斯鳄

　　伯尼斯鳄体长约 0.6 m。这种小型鳄既可生活在陆地，也可生活在水中，以鱼类和甲壳类动物为食。伯尼斯鳄是中生代白垩纪早期动物。

棘齿龙

　　棘齿龙属鸟脚龙类，体长仅约 60 cm，是体型极小的一种恐龙，和一只家庭宠物猫差不了多少。它头小、嘴窄，只有两种类型的牙齿，是一种小型的植食性动物，用两条后腿迅速奔跑。至今，人们只发现了它的颌骨化石。棘齿龙属中生代白垩纪早期动物，分布于欧洲。

恐 鳄

恐鳄体长约有 15 m，约为现在世界上最大鳄鱼体长的 3 倍。它们生活在沼泽中，悄悄地等候在那里，随时准备捕杀猎食经过这里的恐龙。恐鳄生活在中生代白垩纪晚期的北美洲。

中华丽羽龙

中华丽羽龙属于盗龙类，体长约 2.4 m。肉食性动物。它的比较完整的化石是在中国被发现的。它身上长有类似羽毛类的物质，色彩艳丽，性情凶残。中华丽羽龙是中生代白垩纪早期（1.3 亿~1.25 亿年前）生活在中国辽宁省的小型野兽。

中国鸟脚龙

中国鸟脚龙属于盗龙类，体长只有 1.2 m。肉食性动物。中国鸟脚龙是中生代白垩纪中期（1.1 亿~1 亿年前）生活在中国内蒙古自治区的小型恐龙。

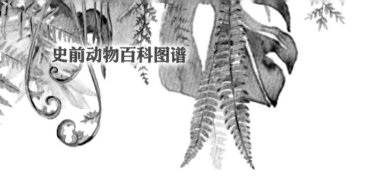

似尾羽龙

　　似尾羽龙属于盗龙类，体长为 1~1.8 m。属小型肉食性恐龙。中国发现的似尾羽龙的骨骼化石仅为其身体的一部分。似尾羽龙是中生代白垩纪早期（1.2 亿年前）生活在中国内蒙古自治区的一种小型掠食者。

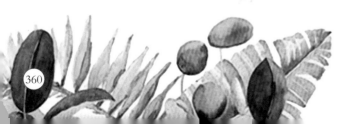

雷利诺龙

　　雷利诺龙体长 2 ～ 3 m，以蕨类植物和苏铁类植物为食。它的特点是眼睛大，奔跑速度快。它的名字是根据发现者汤姆和帕特·里奇的女儿的名字雷利诺命名的。这种恐龙生活在 1.06 亿年前的中生代白垩纪时期的澳大利亚。那是一个非常寒冷的地带，因为那时的澳大利亚是紧靠南极洲的。

原赖氏龙

原赖氏龙属蜥脚目鸭嘴龙科，体长
7~10 m。植食性动物。它是史前最早
出现的鸭嘴龙类。在进化方面，它是其
前的禽龙类和其后的鸭嘴龙类的中间环
节。原赖氏龙是中生代白垩纪晚期生活
在北美洲（美国）的恐龙。

加斯帕里尼龙

满洲龙

满洲龙属鸭嘴龙类，体长 8~10 m，身高 4~5 m，体重 2~3 t。植食性动物。它属大型恐龙，头很大，身体粗壮，尾巴及后肢粗壮、强劲。它是最早在中国被发现的恐龙，被称作"中华第一龙"。满洲龙是中生代白垩纪时期生活在亚洲（中国东北）的一种大型恐龙。

绘 龙

绘龙是甲龙的一种。它是与霸王龙和特暴龙这两种最凶猛的食肉猛兽同时代生活的植食性恐龙。绘龙生活在中生代白垩纪晚期，栖息于北美洲和东南亚地区。

亚冠龙

　　亚冠龙属鸟脚亚目恐龙，体长约 9 m。植食性动物。它与冠龙一样，拥有一个头盔似的中空冠饰。亚冠龙有一条背脊，过着群居生活，进食时四肢着地。它和慈母龙一样，在孵化幼龙时也会守在居巢旁边。亚冠龙是中生代白垩纪晚期生活在北美洲（加拿大、美国）的动物。

恐龙头型图（之一）

小贵族龙

　　小贵族龙属鸟脚目，鸭嘴龙科。体长约 13 m，体重 2~3 t。它可能是与鸭嘴龙亲缘最近的动物。它的遗骸是在 1904 年被发现的。小贵族龙是中生代白垩纪晚期生活在美国的动物。

大冠兰伯龙

　　大冠兰伯龙属鸭嘴龙科，体长约 13 m。植食性动物。它是目前已发现的最大的鸭嘴龙科恐龙之一，其中一个物种为赖氏龙，另一个物种就是大冠兰伯龙，它拥有圆顶状的冠饰。大冠兰伯龙是中生代白垩纪晚期生活在北美洲的一种植食性恐龙。

栉 龙

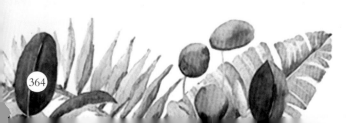

恐龙头型图（之二）

盔头龙

刺盾角龙

赖氏龙

刺盾角龙属角龙类，植食性动物。刺盾角龙于中生代白垩纪晚期生活在北美洲。

霸王龙

恐龙头型图（之三）

窃螺龙

　　窃螺龙的含义是"偷螺贼"，体长约 2 m。它的喙很有力，能轻易咬碎螺贝、蜗牛或其他有壳软体动物的坚硬外壳，使其享用里面的美味。窃螺龙是中生代白垩纪晚期生活于亚洲（中国、蒙古）湖滨等地带的一种中小型动物。

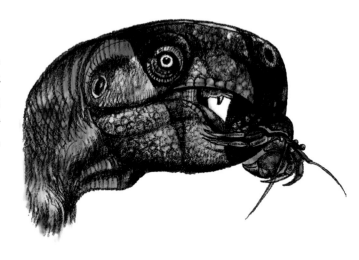

五角龙

　　五角龙属蜥脚目，植食性恐龙。它是颈盾家族的成员，一些角龙，如三角龙、肿角龙、刺盾角龙、尖角龙、五角龙和牛角龙等，都长着用来自卫的颈盾。五角龙是中生代白垩纪晚期的动物。

牛角龙

　　牛角龙属蜥脚目，体长约 8 m，高约 3 m。植食性恐龙。它的头骨最长（头骨和颈盾连成一体），达 2.5m，其体重达 8 t。牛角龙生活在中生代白垩纪晚期北美洲加拿大的艾伯塔省。

青岛龙

恐龙头型图（之四）

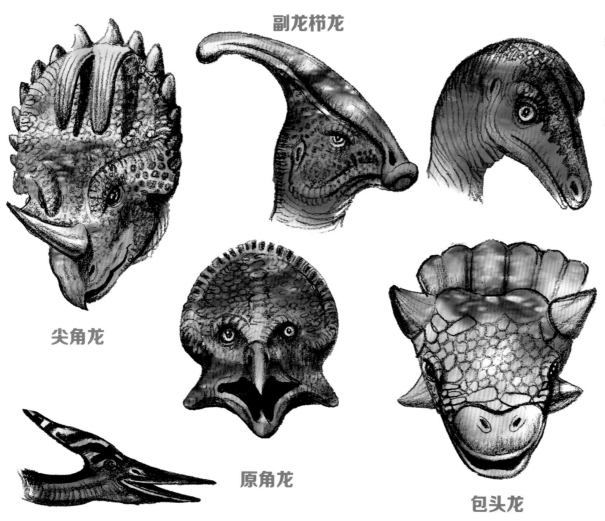

副龙栉龙

锯齿龙

锯齿龙是肉食性小型恐龙，跑得很快。锯齿龙生活在中生代白垩纪时期。

尖角龙

原角龙

包头龙

无齿翼龙

中国鸟龙

　　中国鸟龙体长约 1 m，高约 40 cm，体重约 5 kg。肉食性动物。它虽然被命名为中国鸟龙，全身长有羽毛，也有翅膀，但却不会飞翔，主要在地面奔跑。它虽然是恐龙中的小个子，但却是最厉害的杀手之一，能从口中喷出毒液，而且它的牙齿也能给猎物注入毒液。它常常对比它体型大数倍的植食性恐龙发动攻击，被掠食的动物一旦中毒便陷入瘫痪状态，中国鸟龙即可享用美味。

　　中国鸟龙是中生代白垩纪时期生活在亚洲（中国）的一种小型的外型像鸟的肉食性恐龙。

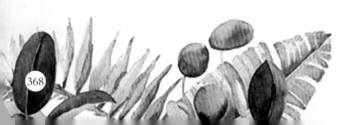

鹫 龙

鹫龙属兽脚亚目，体长约 1.2 m。肉食性动物。其名字含义是"来自布特雷拉的窃贼"。它的爪很锋利，尾和颈部占去体长的大部分，有像翅膀一样的前肢，虽有羽毛，但不会飞翔，有像鸟喙一样的口鼻，能将嘴巴伸进蛇洞中。鹫龙是一种生活在中生代白垩纪晚期南美洲阿根廷的动物。科学家在南美洲一些地理条件相近的地区发现了鹫龙的骨骼化石。

鹫 龙

中国猎龙

中国猎龙属兽脚类恐龙，体长不足 1 m。肉食性动物。它长得像鸟，是一种更接近现代鸟类的史前动物。它的前肢已进化成了像鸟一样的翅膀，可以像鸟一样的张开和回缩，但它不会飞翔。从它的进化及体貌特征上看，"鸟类起源于恐龙"的理论又获得了一个重要证据。中国猎龙是中生代白垩纪时期生活在中国辽宁的一种小型掠食恐龙。

北票龙

北票龙属兽脚类恐龙，体长约 2.2 m。植食性动物。它长得像长颈鹿和鸭子的结合体。它比中华龙鸟要晚 100 多万年，是用两个后肢走路的恐龙，全身都披着柔软的毛。它的发现改变了人们对恐龙的传统印象，表明一些恐龙并非披鳞片和盔甲，而是满身披着原始羽毛。北票龙生活于中生代白垩纪早期，栖于中国辽宁的北票地区。

小盗龙

　　小盗龙个头非常小，体长只有56~76 cm，体重约 1 kg（仅相当于一只幼年鸡的重量）。肉食性动物。它非常漂亮，也非常奇特，长有 4 个翅膀，会飞，全身羽毛色彩艳丽，尾巴呈扇形。除翼龙外，它是第一种能飞上天的恐龙。

　　小盗龙是中生代白垩纪时期生活在亚洲（中国）的一种能飞翔的小型恐龙。它的化石是在中国辽宁被发现的。

擅攀鸟龙

擅攀鸟龙体长约 30 cm。它善于爬树，故得此名。它虽然不会飞，但身上却长满了羽毛，生活在森林中的高树上。这样它具有两种优势：一是可以在树上捕食昆虫和飞蛾，二是可以躲避地面上肉食大型恐龙的捕食。擅攀鸟龙是中生代白垩纪早期生活在亚洲（中国辽宁）的一种小型肉食动物。

近鸟龙

近鸟龙属于盗龙类，体长约 0.3 m。杂食性动物。它身上长有羽毛，很像鸟，比鸽子略大些。近鸟龙是中生代白垩纪早期一种生活在亚洲中国的小型动物。

尾羽龙

尾羽龙属兽脚类恐龙，体长70～90 cm，跟现代孔雀大小相近。杂食性动物。尾羽龙是一种长有漂亮羽毛的小型恐龙，为了消化胃中的食物，它常常要吃一些小石子，以助磨擦，帮助消化食物。尾羽龙是中生代白垩纪时期生活在今中国辽宁热河的一种形态奇特的小型恐龙。

内乌肯盗龙

内乌肯盗龙属驰龙科，体长2~2.5 m，身高约0.8 m，重约50 kg。肉食性动物。它属驰龙家族，不过和生活在北美洲、欧洲、亚洲的家族成员不同，它生活在南美洲大陆。至今该龙化石只有一些很不完整的骨骼碎片，现在我们看到的这只恐龙的样子，是根据仅有的化石推测出来的。

内乌肯盗龙是中生代白垩纪时期生活在南美洲(阿根廷)的恐龙。

风神翼龙

　　风神翼龙翼展可达 12 m，它的头部、颈部加起来只有约 3 m，站立时身高可达 5 m。它可与现代非洲大草原上的长颈鹿比高低，是史前翼龙中的庞然大物。风神翼龙是中生代白垩纪时期生活在北美洲的以鱼类和腐尸为食的翼龙。

飞 龙

飞龙翼展约 2.4 m。肉食性动物。飞龙是中生代白垩纪时期生活在亚洲（中国）的一种食鱼翼龙。

狭鼻翼龙

狭鼻翼龙翼展 1.6~2 m。肉食性动物。狭鼻翼龙是中生代白垩纪时期生活在亚洲（中国）的一种食鱼翼龙。

长头无齿翼龙

长头无齿翼龙属翼龙目无齿翼龙属，翼展约 9 m，以鱼类为食。它的喙和冠饰加起来近 2 m 长，比它身体其余部分都长。它的体重不足 20 kg，与现代最重的飞行鸟类差不多。长头无齿翼龙是中生代白垩纪晚期生活在北美洲（美国）、欧洲（英国）、亚洲（日本）的会飞翔的爬行动物。

阿拉姆波纪纳翼龙

脊颌翼龙

脊颌翼龙属翼龙科脊龙属，翼展约 6 m。它的喙中长满了咬合的牙齿，说明它是肉食性动物。脊颌翼龙是史前中生代白垩纪早期生活在南美洲（巴西）的一种能在空中飞翔的爬行动物。

槌喙龙

槌喙龙属翼龙目槌喙龙属，翼展超过 5 m，以鱼类等为食。槌喙龙是中生代白垩纪时期陆生并能在空中飞翔的爬行动物。

弯齿树翼龙

弯齿树翼龙属翼龙目，体长约 12 cm，翼展约 48 cm。弯齿树翼龙得名于它锐利而弯曲的牙齿，它的脑袋较小，嘴巴较大，爪子十分尖锐。弯齿树翼龙是中生代白垩纪早期生活在亚洲（中国辽宁）的一种以昆虫为食的动物。

浙江翼龙

　　浙江翼龙属翼龙目，翼展可达 5 m，是一种大型翼龙。它的遗骸化石是当地的一位村民于 1986 年在浙江临海的上盘里村采石料时偶然发现的。浙江翼龙是中生代白垩纪晚期（7 000 万年前）生活在中国浙江海岸及附近的一种以鱼类为食的动物。

鸟掌龙

　　鸟掌龙属翼龙科鸟掌翼龙属，体长约 4 m，翼展约 12 m。它头重尾轻的体型决定了它不适于飞翔，而只能是顺着上升的暖气流飞行。鸟掌龙是中生代白垩纪早期生活在欧洲（英国）、南美洲（巴西）的一种以鱼类和头足类动物为食的翼龙。

阿拉姆波纪纳翼龙

　　阿拉姆波纪纳翼龙属翼龙目，其翼展可达 12 m。肉食性动物，以鱼类为食。它可能是史前所有翼龙中体型最大的，颈长可达 60 cm。阿拉姆波纪纳翼龙生活在中生代白垩纪时期的阿波罗地区，它的遗骸化石被发现于 1943 年的约旦。

古魔翼龙

　　古魔翼龙翼展约 4 m，化石发现于南美洲（巴西），生存于中生代白垩纪早期。

古魔翼龙

风神翼龙

西阿翼龙

　　西阿翼龙属翼龙目，翼展约 4 m。肉食性动物。西阿翼龙是中生代白垩纪时期生活在南美洲（巴西）的一种食鱼翼龙。

湖翼龙

　　湖翼龙属翼龙目，翼展约 2 m。肉食性动物。它的脑袋大，上下颌中有又长又尖两排锋利的牙齿，这些锋利的牙齿是其捕获猎物的有力武器，能使它轻易咬碎坚硬的贝壳类和甲壳类动物的外壳。湖翼龙是中生代白垩纪时期生活在中国新疆湖畔地带的一种翼龙。

北方翼龙

北方翼龙翼展约 1.5 m。肉食性动物，以鱼类为食。它的外观美丽漂亮，十分可爱。北方翼龙是中生代白垩纪时期生活在亚洲（中国东北地区）的一种翼龙。

镇远翼龙

镇远翼龙翼展约 4 m。肉食性动物，以鱼类为食。它的头很长，达 0.5 m，上颌后端长有低矮的冠饰。它嘴里长满了锋利的相互交错的牙齿，看上去很吓人。镇远翼龙是中生代白垩纪时期生活在亚洲（中国）的一种翼龙。

奎查尔龙

奎查尔龙是翼龙的一种，翼展可达 12 m，体重约 70 kg。肉食性动物，以贝壳类动物为食。奎查尔龙是中生代白垩纪早期的动物。

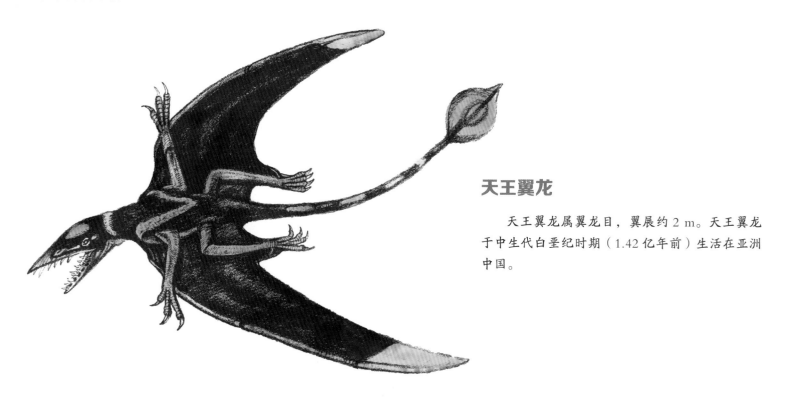

天王翼龙

　　天王翼龙属翼龙目，翼展约 2 m。天王翼龙于中生代白垩纪时期（1.42 亿年前）生活在亚洲中国。

曲颌形翼龙

　　曲颌形翼龙翼展 1~1.9 m。肉食性动物。它的眼睛很大，视力极好，它甚至在夜间都经常出来捕猎。它栖息于离水域不远的地带，以鱼类为主食。曲颌形翼龙是中生代侏罗纪时期生活在亚洲和欧洲的翼龙。

树翼龙

树翼龙体长约 12 cm，翼展约 40 cm，它的体型还没有现代的大狐蝠大，以昆虫为食。树翼龙是中生代白垩纪时期生活在亚洲（中国）的小型翼龙。

昂温翼龙

昂温翼龙属翼龙目，翼展约 2 m。肉食性动物。它的牙齿长短不齐，且十分锋利。昂温翼龙是中生代白垩纪时期生活在南美洲（巴西）的食鱼翼龙。它的化石是 2011 年在巴西东北部的西阿省卡里市被发现的。

滤齿翼龙

　　滤齿翼龙属翼龙目，颌翼龙科，翼展约 1.5 m。肉食性动物，以鱼类为食。它会像颌翼龙一样，将大嘴插进水中，等鱼儿误将它的嘴当作避风港和藏身之处时，它会将嘴闭上，将水滤出后把鱼吞进肚中。滤齿翼龙是中生代白垩纪时期生活在亚洲（中国热河）的一种翼龙。

悟空翼龙

悟空翼龙属翼龙目，体长约 0.5 m，翼展约 0.73 m，以鱼类为食。悟空翼龙是中生代白垩纪时期生活在亚洲（中国）的一种翼龙。

热河翼龙

热河翼龙翼展约 90 cm。肉食性动物。它身上长满了短且浓密的毛，可以调节体温，且翼上的图案花纹像蝴蝶翅膀上的图案。热河翼龙是中生代白垩纪时期一种生活在亚洲（中国）的翼龙。

矛颌龙

　　矛颌龙属翼龙目，翼展约 4 m，矛颌龙与矛颌翼龙的嘴巴都很长，像长矛，但它们俩不是同一物种，两者生活的历史年代不同，矛颌龙生活在 1 亿多年前的白垩纪时期（中国），而矛颌翼龙却生活在 2 亿多年前的侏罗纪时期（欧洲）。矛颌龙是中生代白垩纪时期生活在亚洲（中国新疆）的一种以鱼类为食的大型翼龙。

森林翼龙

　　森林翼龙属翼龙目，体长约 9 cm，翼展约 25 cm，可能是翼龙中最小的品种，它没有一只成年麻雀大。它是中生代白垩纪早期生活在亚洲（中国东北）森林中以昆虫为食的袖珍翼龙。

夜翼龙

夜翼龙翼展约 2 m。肉食性动物。与其他翼龙不同，它的头冠非常长，很高大。它的头骨和嵴冠的高度加在一起相当于它的 2 m 长的翼展，看上去很壮观。夜翼龙是中生代白垩纪时期生活在北美洲的一种翼龙。

郝氏翼龙

郝氏翼龙翼展约 1.35 m。肉食性动物，以鱼类为食。郝氏翼龙是中生代白垩纪时期生活在亚洲(中国)的一种翼龙。

红山翼龙

红山翼龙翼展约 2 m。肉食性动物。红山翼龙是中生代白垩纪时期生活在亚洲（中国）的一种中小型翼龙。

神龙翼龙

神龙翼龙属翼龙目，翼展约 6 m。肉食性动物。神龙翼龙具有咬合力很强的喙，它不仅是水中、陆地上的杀手，也是高空中的掠食者。神龙翼龙是中生代白垩纪时期生活在亚洲中部的一种翼龙。

格格翼龙

格格翼龙属翼龙目，翼展约 1.5 m。肉食性动物，以鱼类为食。格格翼龙是中生代白垩纪时期生活在亚洲（中国）的一种翼龙。

宁城翼龙

宁城翼龙属翼龙目，翼展约 50 cm。肉食性动物，以鱼类为食。古生物学家在宁城发掘现场发现了一种接近完整的宁城翼龙的雏体骨骼，包括罕见的翼膜和体毛等软组织。这是一具十分珍贵的化石。可以断定，宁城翼龙身上披有一层细密的绒毛。宁城翼龙是中生代白垩纪时期时期生活在亚洲（中国）的一种翼龙。

鸟嘴翼龙

鸟嘴翼龙翼展 3~4 m。肉食性动物，以鱼类为食。鸟嘴翼龙是中生代白垩纪时期生活在欧洲西部的一种翼龙。

黎明女神翼龙

　　黎明女神翼龙属翼龙目，翼展 5 m。肉食性
动物，以鱼类为食。它的头长，嘴里无牙齿。
黎明女神翼龙是中生代白垩纪时期生活在北美
州南部的一种翼龙。

北票翼龙

　　北票翼龙属翼龙目，翼展约 1.2 m。肉食性动物，以鱼类为食。古生物学家在辽宁西部的北票地区不仅发现了北票翼龙额骨骼化石，还发现了它的含胚胎蛋化石，这在全世界引起了古生物学界的震动，因为这在全世界尚属首次。这个化石蛋证明，北票翼龙的蛋没有坚硬的外壳，而是一些软壳蛋。北票翼龙是中生代白垩纪时期生活在亚洲（中国辽宁）的翼龙。

惊恐翼龙

　　惊恐翼龙属翼龙目，翼展约 1.6 m。肉食性动物，以鱼或小动物为食。惊恐翼龙是中生代白垩纪时期生活在亚洲（中国）的翼龙，它的化石是在中国辽宁被发现的。

东方翼龙

东方翼龙体长约 0.5 m，翼展约 1.2 m。肉食性动物，以鱼类为食。东方翼龙是中生代白垩纪时期生活在亚洲（中国东北地区）的一种翼龙。

哈特兹哥翼龙

哈特兹哥翼龙体型巨大，翼展约 12 m，仅它的头就约有 3 m 长，站立时身高可达 5 m。肉食性动物。它简直太大了，因此全名叫巨怪哈特兹哥翼龙。它和风神翼龙一样，是翼龙中的巨无霸。哈特兹哥翼龙是中生代白垩纪时期生活在欧洲（罗马尼亚）的一种超巨型翼龙。

龙城翼龙

　　龙城翼龙翼展约 2 m。肉食性动物，以鱼类为食。它与努尔哈赤翼龙有亲缘关系，它们的长相也有很多相似之处：脑袋狭长，前端牙齿锋利。龙城翼龙是中生代白垩纪时期生活在亚洲（中国）的一种翼龙。

帆翼龙

　　帆翼龙属帆翼龙科，翼展约 2.7 m。肉食性动物，以鱼类为食。帆翼龙是中生代白垩纪时期生活在亚洲（中国）的一种翼龙。

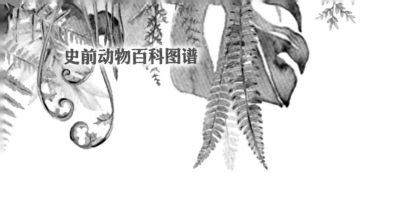

鹰爪翼龙

　　鹰爪翼龙翼展约 3 m。肉食性动物，以鱼类为食。其化石是在北美洲的美国德克萨斯州的一处建筑工地发现的，该翼龙的牙齿将近 110 颗，这在翼龙中是很罕见的。鹰爪翼龙是中生代白垩纪时期生活在北美洲（美国）的一种翼龙。

鸢翼龙

　　鸢翼龙翼展约 1.2 m，体长约 0.5 m。肉食性动物。鸢是鹰科的一种猛禽，其性情凶猛，喜欢在天空中做些优美的翱翔动作，鸢翼龙名字中的"鸢"指的就是这种肉食性猛禽。古生物学家推测鸢翼龙可能也像鸢一样凶猛，经常从高空中俯冲下来捕食猎物。鸢翼龙是中生代白垩纪时期生活在亚洲（中国）的一种翼龙。

乌鸦翼龙

　　乌鸦翼龙翼展约 3 m。肉食性动物。它的牙齿既多又密，而且又长，互相交错，十分锋利，它既是鲜活动物的杀手，又能吃腐肉，清理环境，就像今天大自然的清洁工秃鹰和乌鸦一样。乌鸦翼龙是中生代白垩纪时期生活在北美洲的翼龙。

辽西翼龙

辽西翼龙翼展约 2 m。肉食性动物，以鱼类为食。古生物科学家在中国辽西地区只发现了该种翼龙的一块下颌骨，通过这块珍贵的下颌骨研究推测出辽西翼龙的大体形态：它的头骨长而扁宽，嘴巴前端牙齿锋利，眼睛小。辽西翼龙是中生代白垩纪时期生活在亚洲（中国）的一种翼龙。

努尔哈赤翼龙

努尔哈赤翼龙翼展 2.4~2.5 m。肉食性动物，以鱼类为食。它的头很大，几乎可以达到身体全长的 1/3。努尔哈赤翼龙是中生代白垩纪时期生活在亚洲（中国）的一种翼龙。

伏尔加翼龙

　　伏尔加翼龙翼展 3~4 m。肉食性动物，以鱼类为食。伏尔加翼龙是古生物学家波格鲁波夫于 1914 年在俄罗斯的伏尔加河下游一个名叫萨拉托夫的城市附近发现的。伏尔加翼龙是中生代白垩纪时期生活在欧洲东部（俄罗斯）的一种翼龙。

矮喙龙

　　矮喙龙翼展 4~6 m。肉食性动物。它们是中生代白垩纪时期生活在南美洲和欧洲的一种翼龙。

神州翼龙

神州翼龙属翼龙目，朝阳翼龙属，翼展约 1.4 m。肉食性动物，以鱼类为食。它的长相很怪异，大脑袋，小身体，身体还没有头大，很不相称，它的头骨化石经测量足有 25 cm 长。它的喙又尖又长，嘴里不长牙齿。神州翼龙是中生代白垩纪时期生活在亚洲（中国东北）的一种翼龙。

雷神翼龙

雷神翼龙属翼龙目，翼展约 6 m，体重约 5 kg。肉食性动物，以鱼类为食。它的奇异之处在于它头上那巨大的嵴冠，它的头骨仅有 13 cm 高，但是它的嵴冠却高达 1.2 m，几乎是它头骨高度的 9 倍。雷神翼龙是中生代白垩纪时期生活在南美洲的一种大型翼龙。

朝阳翼龙

　　朝阳翼龙属朝阳翼龙属，翼展近 2 m。肉食性动物，以鱼类和地面小动物为食。它的身体苗条，但四肢强壮，前后肢长度差别不大，说明它可以自如地在地面活动和觅食。朝阳翼龙是中生代白垩纪时期生活在亚洲（中国）的一种翼龙。

妖精翼龙

　　妖精翼龙属翼龙目，翼展约 5.5 m，体长约 2.5 m。肉食性动物，以鱼类为食。当古生物学家发现它的化石时，立即被它那漂亮的头饰所吸引，故命此名。这种翼龙无论雌雄，头饰都很美丽。妖精翼龙是中生代时期生活在南美洲的一种翼龙。

契丹翼龙

契丹翼龙属翼龙目，颌翼龙科，翼展约 2 m。肉食性动物，以鱼类为食。它是在中国辽宁西部被发现的，属颌科翼龙中体型较大的。它的头很长，上下颌中长满细长的牙齿，颈部也长，身体短小。契丹翼龙是中生代白垩纪时期生活在亚洲（中国）的一种翼龙。

湖氓翼龙

湖氓翼龙属翼龙目，朝阳翼龙属，翼展约 5 m，站立时肩高约 1 m。肉食性动物，以鱼类及其他动物为食。它是目前发现的史前朝阳翼龙属翼龙中体型最大的成员之一，由于它的发现，我们以前所见过的大部分朝阳翼龙属其他翼龙都成了"小个子"。湖氓翼龙是中生代白垩纪时期生活在南美洲东北部的一种翼龙。

都迷科翼龙

都迷科翼龙翼展约 1 m。肉食性动物，以鱼类为食。它的化石是在南美洲西部的都迷科山脉被发现的，故命此名。它的体型较小，外形很像在中国新疆发现的准噶尔翼龙。都迷科翼龙是中生代白垩纪时期生活在南美洲西部的一种翼龙。

辽宁翼龙

辽宁翼龙属翼龙目，翼展约 5 m。肉食性动物，以鱼类为食。进化至中生代白垩纪时期的翼龙，体型也越来越大，辽宁翼龙的双翼要比它的身体长很多很多。辽宁翼龙是中生代白垩纪时期生活在亚洲（中国辽宁）的一种翼龙。

色拉翼龙

色拉翼龙属大型嘴口龙类，翼展约 4 m。肉食性动物，以鱼类为食。色拉翼龙生活在距今 6 55 0 万年前的中生代白垩纪时期的巴西，它的骨骼化石是在岩石层中被发掘出来的。

南翼龙

　　南翼龙翼展为 1.2~1.5 m，长有 1 000 多颗细长的牙齿，专门从水中筛取水生甲壳类动物为食。南翼龙是中生代白垩纪时期生活在南美洲地区的一种翼龙。

蒙大拿神翼龙

　　蒙大拿神翼龙翼展 2.5 m 左右。肉食性动物，以鱼类为食。蒙大拿神翼龙生活在中生代白垩纪晚期（7 600 万～7 200 万年前）北美洲美国的海洋、河岸附近。

缪兹酋兹翼龙

缪兹酋兹翼龙翼展约 2 m。肉食性动物，以鱼类为食。它头上长有嵴冠。其化石被发现时非常完整，这十分难得。缪兹酋兹翼龙是中生代白垩纪时期生活在北美洲南部的一种翼龙。

玩具翼龙

玩具翼龙翼展可达 5 m。肉食性动物，以鱼类为食。它性情凶恶，栖息于水域沿岸地区。玩具翼龙是中生代白垩纪时期生活在南美洲的一种翼龙。

捻船头翼龙

捻船头翼龙翼展约 4 m，以鱼类为食，生活在中生代白垩纪时期的西欧。

残忍西阿翼龙

残忍西阿翼龙属肉食性动物，以鱼和其他陆地小型动物为食。它的牙齿长且锋利，具有食肉动物才有的牙齿结构和特征。残忍西阿翼龙是中生代白垩纪时期生活在南美洲东北部的一种凶残的食肉兽类。

矛颌翼龙

矛颌翼龙翼展 2 m。肉食性动物，以捕食水生动物为生。它的嘴巴很像远古时的兵器矛（矛是冷兵器时代用来作战的武器），而矛颌翼龙的尖嘴和锋利的长齿真的像一支锋利的长矛。矛颌翼龙是中生代侏罗纪时期生活在欧洲西部的一种翼龙。

始无齿翼龙

始无齿翼龙属翼龙目，翼展约 1.1 m。肉食性动物，以小鱼、小虾及昆虫等为食。它的脑袋又大又长，头顶还长有嵴冠，颈部长，双翼大。它比无齿翼龙更原始。始无齿翼龙是中生代白垩纪时期生活在亚洲（中国）的一种翼龙，它的化石是在中国辽宁西部被发现的。

会 鸟

会鸟是一种中等体型的热河鸟，植食性鸟类，常栖息于树上。会鸟是中生代白垩纪晚期生活在中国的一种史前鸟类。

长翼鸟

长翼鸟体长 20 ～ 25 cm。像鸽子那么大，它有个长长的喙，喙的前端有一排小的牙齿。它可能是一种会潜水的鸟，能在水中捕食鱼虾。长翼鸟是一种中生代白垩纪时期生活在亚洲中国的鸟类。

黄昏鸟

　　黄昏鸟体型巨大，最大体长达 1.75 m，可能是在种子植物兴起的繁盛期出现的。黄昏鸟嘴中长满了牙齿，但不会飞行，只能在水中游泳和潜水，以捕食水中生物为生。它是在鸟类进化过程中消失的。

　　侏罗纪时期以前没有鸟，鸟类的祖先是陆地上的爬行动物。1861 年科学家发现了在地下沉睡了 150 万年的始祖鸟的化石，这是古生物学界的奇迹。始祖鸟可称为现代鸟的祖先，但从外形上看它没有一点现代鸟的模样，倒更像是史前的陆地爬行动物。黄昏鸟的出现比始祖鸟要晚，它是中生代白垩纪晚期（6 600 万年前）生活在北美洲（美国）的一种食鱼鸟类。

黄昏鸟

巴西翼龙

巴西翼龙翼展可达 4 m。肉食性动物，以鱼类为食。它的天敌是地面上奔驰的肉食恐龙，如激龙等。巴西翼龙是中生代白垩纪时期生活在南美洲东北部的一种翼龙。

鱼　鸟

鱼鸟体长约 35 cm。它嘴里有牙齿，以鱼、虾等为食，能飞翔，是中生代白垩纪晚期生活在北美洲美国的动物。

热河鸟

　　热河鸟体长 50~60 cm，有火鸡那么大。它平时多在地面上觅食和奔跑，遇到天敌时才张开翅膀飞走。它是史前生活在中国的一种古鸟。直至 1990 年，在化石记录上侏罗纪晚期和白垩纪晚期中间一直存在一个空白，而热河鸟是始祖鸟和现代鸟类之间的关联。热河鸟生活于中生代白垩纪早期。

孔子鸟

　　孔子鸟的名字是根据我国伟大的哲学家——孔子的名字命名的。孔子鸟的雌鸟尾羽短，而雄鸟的尾羽上长出了两根彩条一样的长羽毛。孔子鸟是中生代白垩纪早期生活在亚洲中国的一种古鸟。据报道，目前已有 2 000 多具孔子鸟的化石标本被发现。

四、新生代动物

第三纪（意为"第三个"），定名于18世纪。那时的人们认为，它是地球远古时代中第三个主要的时间区间。第三纪始于白垩纪大灭绝并一直延续到181万年前，也就是说，第三纪几乎包括整个哺乳动物时代。那时一些大陆的所在地很接近它们今天的位置，但当时的大洋洲依然处在岛屿化的过程中，南、北美洲也被海洋给隔离开了。

不飞鸟

不飞鸟身长约2 m。它的喙特别大，被当地人大量猎杀作为肉食用的大型鸟类。不飞鸟是第三纪生活在欧洲和北美洲的一种不会飞行的陆栖巨鸟，它在新生代第三纪时期就灭绝了。

山旺山东鸟

山旺山东鸟是一种生活在新生代第三纪中期的亚洲中国的古鸟。其化石是在中国山东临朐县山旺村的硅藻土层中被发现的，是举世罕见的珍品。

火烈鸟

　　火烈鸟以浮游生物为食，生存于南美洲的湿地、沼泽地带。它诞生于中生代白垩纪，一直延续至今。

新兀鹫

　　新兀鹫属鹰科。新兀鹫是史前新生代第三纪的一种食肉猛禽，后来灭绝了。

爪　兽

　　爪兽是体型庞大而笨重的怪兽，站立时身高约 3 m。植食性动物。它的头大又长，和马头相似。它前肢长，后肢短。它是最令人费解的史前怪兽之一，它的足迹遍及亚洲、欧洲、北非和北美洲。爪兽是新生代第三纪时期（5 300 万 ~ 3 700 万年前）在欧、亚、非、美各洲都有踪迹的野生动物。

陆行鲸

　　陆行鲸体长约 3 m, 体重 0.3 t 左右。肉食性动物。它是一种中等体型的掠食者, 既可以在陆地上活动, 也可以在水中游泳。它在陆地上活动缓慢、笨拙, 但是在水中它的四肢会像桨一样划动, 所以它在水中的行进速度比陆上快得多。

　　这种哺乳动物能够捕捉到比它自身体型还要大的猎物。它是新生代第三纪时期（5 300 万～3 370 万年前）生活在亚洲和非洲的食肉兽类。世界上第一具陆行鲸化石是在亚洲的巴基斯坦境内发现的。

巴基鲸

巴基鲸属鲸目，是已知最早的鲸目兽类，体长约 2 m。肉食性动物。巴基鲸（包括今天的鲸和海豚）是哺乳动物群中的元老级动物，是海中凶猛的掠食者。

龙王鲸

龙王鲸属古鲸亚目，体长约 18 m。肉食性动物，以鱼类和头足类为食。它是地球上最早的鲸类之一，属哺乳动物。虽然哺乳动物是陆地上进化来的，但在新生代第三纪初，它们中的许多物种又回到了海洋中。那时，巨大的水生爬行动物逐渐走向灭绝，水生哺乳动物逐渐取代了它们的位置。

龙王鲸是新生代早期第三纪生活在世界各地的海洋哺乳动物。

始锯齿鳄

  始锯齿鳄属鳄目，肉食性动物。它是一种陆栖爬行动物。始锯齿鳄是新生代早期第三纪时期的动物。

半 犬

  半犬属犬熊类，体长 1.5~2 m。肉食性动物。半犬是新生代第三纪（6 550万 ~ 181 万年前）生活在欧洲和北美洲的一种野兽。

焦 兽

　　焦兽属哺乳纲焦兽目，体长约 2.7 m。植食性动物。焦兽虽然外貌体征很像今天的大象，但它们却丝毫没有关系。焦兽生活在距今 3 200 万年前的新生代第三纪中期，栖息于南美洲的玻利维亚和阿根廷境内。

雕齿兽

　　雕齿兽是和现在的犰狳相近的贫齿目动物。它生活于5 500万年前的新生代第三纪，在第四纪开始灭绝。

牛鬣兽

　　牛鬣兽是一种很像猫的动物，肉食性动物。它常常捕杀个头比它小些的动物。牛鬣兽是新生代第三纪时期的野兽。

中　兽

　　中兽具有狗一样的牙齿，却长着蹄子，是肉食性动物。中兽是恐龙在地球灭绝后新生代第三纪时期出现的哺乳动物。

草原古马

草原古马属马科，身高约 1 m。随着马科的进化，草原古马已由原始的多脚趾的始祖马进化成只有一个脚趾的马。草食性动物。草原古马是新生代第三纪中期（3 600 万～2 300 万年前）生活在草原上的动物。

克莫土兽

克莫土兽以昆虫等为食，平时栖息在树上。克莫土兽是从中生代白垩纪时期生存下来的一种小型哺乳动物，一直生存到新生代第三纪。

羽齿兽

羽齿兽属杂食性动物。它是中生代白垩纪时期与恐龙同时代的兽类，是在 6 550 万年前地球生物第五次大灭绝中幸存下来的哺乳类动物。

更　猴

更猴属灵长目。杂食性动物。它生活在树上。更猴生活于新生代第三纪早期（古新世）。

中新懒兽

中新懒兽体长约 1.2 m。杂食性动物。中新懒兽是新生代末期第三纪生活在南美洲的一种地懒。

古中兽

古中兽是生活于新生代第三纪时期的一种杂食性哺乳动物。

索齿兽

索齿兽的体型大小与今天的马相当，但它与马不同的是它的外形为短、粗、胖。它生活在海中，它那奇特的牙齿可能是在海底用来挖掘贝类用的。索齿兽生活在距今 3 500 万年前的新生代第三纪，是恐龙从地球上全部消失后进化出来的一种外形奇特的哺乳动物。

牛　鸟

牛鸟是一种巨大的禽类，站起来高可达 3 m。它是 2 000 万年前（恐龙灭绝后的新生代）进化出来的生活在澳大利亚的一种巨型鸭子，但它没有鸭子那样的扁形喙，而是长着一个巨大的钩形嘴，这张弯形呈钩状的嘴可能是撕食动物尸体用的。牛鸟是新生代第三纪动物。

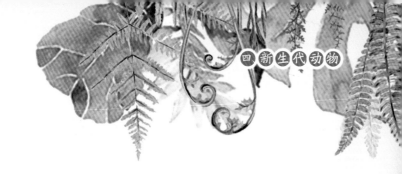

安氏中兽

　　安氏中兽体长约 5 m，重约 1 t。它的体型比北极熊要大得多，是有史以来最大的陆地肉食性哺乳动物之一。它看起来有些像虎，还有些像狼，但它既不是猫科动物，又不是犬科动物，它跟齿鲸类动物很相似。安氏中兽生活在距今 4 200 万 ~3 700 万年前的新生代第三纪的亚洲，是一种沿湖河两岸而居的动物。

　　首具安氏中兽的化石是由古生物学家罗伊·查普曼·安德鲁斯在蒙古发现的。

伟鬣兽

伟鬣兽体长约 4.8 m，仅头部就约有 1.2 m，属第三纪中期肉齿目哺乳动物。它的头有今日老虎头的两倍大，它的身躯几乎和野牛一样大，是当时最大的陆地食肉猛兽之一。它可以杀死大象那样的庞大动物，并将其吃掉，没有天敌。伟鬣兽生活于第三纪中期的非洲北部，距今 2 000 多万年。在狮子和熊这样的现代肉食性动物进化出来之前，有一种称为肉齿目动物的肉食猛兽，伟鬣兽就是肉齿目动物中较大的一种。

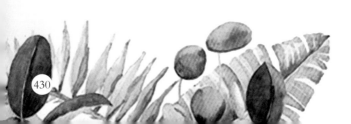

史密洛兽

史密洛兽是在恐龙灭绝后出现的哺乳动物，它善于爬树。其相貌与现今马达加斯加岛上的环尾狐猴极相似。史密洛兽是新生代第三纪出现的哺乳动物。

始袖兽

始袖兽没有牙齿，全靠一根细长的舌头来沾食蚂蚁。它的外表特征和生活方式很像现在的穿山甲。始袖兽是新生代第三纪的动物。

重脚兽

　　重脚兽是新生代第三纪时期生活在埃及地区的身躯庞大的食草动物。它的脚像犀牛，头前端长着像犀牛角一样的大角。

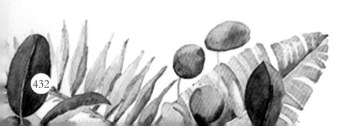

尤因它兽

尤因它兽属恐角目动物，体长约 4 m。植食性动物。尤因它兽是新生代第三纪早期生活在北美洲的一种大型动物。它是由美国生物学家在 1872 年命名的，意思是"来自于美国尤因它山脉的哺乳动物"。

雷 兽

雷兽是新生代第三纪早期出现的食草动物，这个时期它身形较小，后期它的进化发展变化很大，成了大块头，身高可达 2.5 m，身躯笨重高大，头部前端长角。

蒂腾兽

蒂腾兽平时在树上活动，以昆虫、野果等为食。它是中生代白垩纪恐龙大灭绝后出现，生存于新生代第三纪的哺乳动物。

阿根廷巨鹰

阿根廷巨鹰是一种身材巨大的食肉猛禽，曾生活在新生代南美洲地区，已经灭绝。

冠恐鸟

冠恐鸟是一种体长约 2.2 m，高约 1.7 m，体型巨大、不会飞行、杂食性、长着巨大的喙的古生鸟类。它是恐龙灭绝后，于新生代第三纪早期在欧洲出现的以小型哺乳动物为食的巨型鸟类。法国科学家贾思顿·普兰特在巴黎附近发现了它的化石。

美洲红鹳

美洲红鹳是一种已灭绝了的古鸟，曾生活在美洲大陆，是新生代出现的动物。

营巢鸟

营巢鸟身高约 2 m。它于 5 000 万年前生活在北美洲，以哺乳动物为食。它腿长喙利，遇到小型动物时会直接吞下，而捕到大型哺乳动物，如始祖马等，就会将其撕碎吃掉。营巢鸟是新生代第三纪时期的一种不会飞翔的巨型鸟类。

完齿兽

完齿兽体型巨大，性情凶猛。杂食性动物。它的头骨巨大，其体型大小相当于一头当今的非洲野牛，体重达1t多。它长着强有力的颚，牙齿长而锋利，可称为史前怪兽冠军，是一种什么都吃的杂食性野兽。完齿兽生活在距今3 370万~2 380万年前的新生代第三纪，产于北美洲。

古巨猪

古巨猪也称完齿兽，是恐龙灭绝后出现的哺乳动物。它嗅觉敏锐，体重1t多，生活在距今3 800万~3 700万年的新生代第三纪的北美洲。

始祖马

始祖马是现代马的远亲，前足有4趾，后足有3趾。始祖马出现在新生代第三纪。

巨 犀

巨犀属奇蹄目，体长约8 m，身高约5.5 m，仅头骨就有约1.5 m。植食性动物。它是当时最大的陆生哺乳动物，无天敌。巨犀生活在新生代第三纪时期今日的巴基斯坦一带。

象 鸟

　　象鸟又称隆鸟，几百万年前栖息在非洲的马达加斯加岛上。1949年，人们发现一枚 34 cm×24.5 cm 的象鸟蛋。仅从象鸟蛋的个头看，象鸟的个头、体型要比今天世界上最大的鸟——鸵鸟大得多。象鸟是新生代第四纪的一种体型巨大、但不会飞翔的陆栖鸟类，此鸟在 500 万年前灭绝。

大地懒

　　大地懒体长约 6 m。它的体型大小如棕熊，行动迟缓，脚爪强劲锐利，善于夜间活动，以吃植物为生。大地懒是生活在新生代第四纪时期的一种大型哺乳动物。

象的进化顺序是：始祖象—乳齿象—铲齿象—恐象—剑齿象——现代象。

始祖象

始祖象是最早出现的长鼻目动物，身高只有约70 cm，其鼻不长，于新生代第三纪后期生活在埃及地区。

乳齿象

乳齿象是生活在新生代第三纪的植食性动物。

恐 象

　　恐象身高约 4 m，植食性动物。它是目前已知的当时仅次于巨犀的第二大陆生动物，在地球上存在了 2 000 多万年时间。恐象生活在新生代第三纪晚期的非洲及欧洲南部。

铲齿象

　　铲齿象是新生代第四纪出现的大型植食性动物。

黄河剑齿象

　　黄河剑齿象体长约 8 m，高约 4 m。它生活在新生代第四纪时期，其化石是
1973 年在中国甘肃省合水县被发现的，是目前世界上被发现的最完整的剑齿象化石。

洞 狮

洞狮属肉食性动物，比现代狮子体型大，但不长鬃毛。洞狮是新生代第四纪冰河时期的动物。

西 马

西马在1万年前灭绝。它是新生代第四纪动物。

后弓兽

后弓兽大小与今日的驴差不多，植食性动物。它腿粗、颈长。后弓兽生活在新生代第四纪。

剑齿虎

    剑齿虎属猫科剑齿虎亚科。它体长约 1.5 m，体重可达 0.2 t，体型大小与现在的大型猫科动物老虎、狮子差不多。剑齿虎是新生代距今 80 万年第四纪即冰河时代的大型肉食性哺乳动物。它长在上颌的那对剑齿有 15~20 cm 长。剑齿虎于新生代第四纪生活在北美洲，北美洲剑齿虎和非洲似剑齿虎是所有被研究的剑齿虎中的顶级捕食者，它们的猎杀捕食对象是大象、野牛、野马、鹿、野猪等大型植食性动物。剑齿虎这种凶猛的掠食者在当时是没有天敌的，处在食物链的顶端。剑齿虎于 10 万年前灭绝。

冠齿兽

冠齿兽是恐龙灭绝后于新生代第四纪出现的钝脚类植食性动物。

哥伦布猛犸象

　　哥伦布猛犸象的象牙长可达4.3 m。植食性动物。哥伦布猛犸象是一种于160万年前新生代第四纪生活在北美洲加拿大、阿拉斯加州，欧洲西伯利亚及北部地区的一种大型动物。

假熊猴

　　假熊猴是生活于恐龙灭绝后的新生代的动物，植食性动物，属新生代第四纪时期的动物。

披毛犀

　　披毛犀体长约 3 m，高约 2 m。这种大型植食性兽类出现于新生代第四纪，因为生活于冰河期，所以身上长满厚毛。中国的黑龙江省曾多次发现其遗骸化石。

小伶鼬

小伶鼬是恐龙灭绝
后出现的小型哺乳动物，
杂食性动物，属新生代
第四纪时期的动物。

貘犀

貘犀是植食性动物。
它生活在新生代第四纪。

大角鹿

　　大角鹿身高约 3 m。植食性动物。现代的驼鹿和麋鹿都有很大的鹿角，但它们与大角鹿比起来，角就小得多了。大角鹿的鹿角跨度约 3.3 m，现在最大的驼鹿角的跨度也只有约 2 m。

　　大角鹿于冰河时代，即新生代第四纪中期生活在欧洲和亚洲。大角鹿的身影出现在许多欧洲国家，在爱尔兰最为常见，因为爱尔兰没有食肉动物，所以在爱尔兰的泥潭沼泽地中，人们经常会发现大角鹿的鹿角。因此，它们也常常被称为爱尔兰大角鹿。

大角鹿骨骼

巨 猿

　　巨猿属灵长目动物，站立时身高 3 m。植食性动物。1935 年，一个荷兰古生物学家在中国的一个中药店里发现了正在出售的巨猿的牙齿化石，这位古生物学家推测这种牙齿来自于一种尚未确定的灵长目动物。于是，巨猿在这种偶然的机遇中被这位古生物学家首次发现了。

　　巨猿是新生代第三纪晚期至第四纪早期生活在中国、印度和越南的一种体型巨大的灵长目动物。

人类自身的物种起源是史前学研究最透彻的领域之一。尽管人类在许多方面都是独一无二的，古生物学家还是坚信人类也是进化而来的。类人猿就是人类最近的亲缘动物，但人类的祖先却是被称为原始人类的似人动物——500万年前与猩猩从同一支系中分化出来的物种。这一分化产生了一系列原始人种。

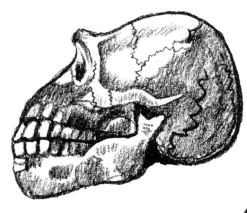

阿法南猿

阿法南猿是科学家们所掌握的已知较早的原始人类（南方古猿）。阿法南猿于新生代第三纪（400万~300万年前）生活在东非地区。

自20世纪20年代开始，通过研究在东非和南非20多个遗址中发现的骸骨化石，专家们至少鉴定出了6个独立的阿法南猿物种。这些遗址大都位于东非大裂谷地带，那里周期性的火山爆发使阿法南猿都被埋入火山灰中。阿法南猿最后灭绝的时间是新生代第四纪的更新世，距今100万~160万年。许多古生物学家经过研究认为非洲才可能是人类的诞生地。

海德堡人

最早的"现代"人类很可能出现于 10 ～ 12 万年前，现代人类最多不过发展了 7 500 代，这与整个原始人类的发展历史相比确实很短。在人类发展历史的长河中，曾经出现过克鲁马努人，他们生活在约 35 000 年前的欧洲和亚洲。他们穴居在山洞中，已学会制造石器。

1856 年，在知道非洲原始人之前很久，德国的一个石灰采石场的工人就在一个洞穴的泥土中发现了一批尼安德特人的头骨。他们生活在距今 35 万年前，那时的现代人类已经迁徙出了自己的诞生地——非洲，但是尼安德特人后来也消失了。

"北京人"是生活在远东地区的直立人。他们的头骨是在中国北方地区的周口店被发现的，"北京人"已经会钻木取火和用火了。

在东非直立人还待在非洲的时候，其后代中的一支直立人发展到了亚洲，同时也带去了他们的工具制造技术和火的利用。直到 10 万年前，欧洲都一直是另一种原始人——海德堡人的起源地，海德堡人不仅是人类自身的直接祖先，也是人类谜一般的亲缘生物——尼安德特人的祖先，人类几乎就是从海德堡人进化而来的。

后图为一群海德堡人在猎杀了一头巨大的野兽——犀牛之后，在对这个庞然大物进行剥皮和分割。

海德堡人狩猎

这是一群海德堡人在狩猎一只犀牛。这将会给他们带来维持生命许久的食物。这些原始人类进化于非洲，后不断向北发展，一直到遍布整个欧洲。

附 录

A

阿贝力龙	Abelisauridae
阿比杜斯龙	Abydosaurus
阿法南猿	Australopithecus afarensis
阿根廷巨鹰	Argentavis magnificens
阿根廷龙	Argentinosaurus
阿克罗肯龙	Acrocanthosaurus
阿拉莫龙	Alamosaurus
阿拉姆波纪纳翼龙	Allahmubotertiaryjilong
阿利奥拉龙	Alioramus
阿玛加龙	Amargasaurus cazaui
阿穆尔龙	Amurosaurus
阿氏开普吐龙	Askeptosaurus
阿特拉斯科普柯龙	Atlascopcosaurus
阿瓦拉慈龙	Alvarezsaurus
埃德蒙顿龙	Edmontosaurus
埃雷拉龙	Herrerasaurus
埃里乔拉氏蜥	Ericiolacerta
矮喙龙	Coloborhynchus
爱沙尼亚角石	Estonioceras decheni
爱氏角龙	Avaceratops
安蒂欧兽	Anteosaurus
安琪龙	Anchisaurus
安氏中兽	Andrewsarchus
安顺龙	Anshunsaurus
昂温翼龙	Unwindia
凹齿龙	Rhabdodon
奥地利翼龙	Austriadactylus
奥卡龙	Aucasaurus
奥沙拉龙	Oxalaia
奥思尼尔龙	Othnielia

奥托亚虫	Ottoia
澳大利亚霸王龙	Tyrannosaurus

B

八射龙	Iaculatocto
巴基鲸	Pakicetus
巴拉帕龙	Barapasaurus
巴塔哥龙	Patagosaurus
巴西翼龙	Brasileodactylus
霸王龙	Tyrannosaurus
白垩龙	Cimoliasaurus
白魔龙	Tsaagan mangas
拜伦龙	Byronosaurus
斑 龙	Megalosaurus
板果龙	Platecarpus
板 龙	Plateosaurus
半 犬	Amphicyon
包头龙	Euoplocephalus
薄片龙	Elasmosaurus
暴 龙	Tyrannosaurus
北碚鳄	Peipehsuchus
北方翼龙	Boreopterus
北票龙	Beipiaosaurus
北票翼龙	Beipiaopterus
贝萨诺鱼龙	Besanosaurus
奔 龙	Dromaeosaur
奔山龙	Orodromeus
笨爪龙	Baryonyx
壁山上龙	Bishanopliosaurus
蝙蝠鱼	Batfish
扁掌龙	Plioplatecarpus
彪 龙	Rhomaleosaurus

冰河龙	Glacialisaurus hammeri
冰脊龙	Cryolophosaurus
并合踝龙	Syntarsus
波塞冬龙	Sauroposeidon
伯尼斯鳄	Bernissartia
不飞鸟	Diatryma
布万龙	Phuwiangosaurus
肯齿兽	Kannemey-eria

C

沧 龙	Mosasaurus
槽齿龙	Thecodontosaurus
草原古马	Merychippus
侧空龙	Pleurocoelue
叉 龙	Dicraeosaurus
查恩盘虫	Richard thoughtinsecta
查干诺尔龙	Nuoerosaurus changanensis
铲齿象	Platybelodon
超 龙	Supersaurus
巢湖龙	Chaohusaurus
朝阳翼龙	Chaoyanggopterus
潮汐龙	Paralititan
驰 龙	Dromaeosaurus
初 龙	Archosauria
川街龙	Chuanjiesaurus
穿孔贝	Terebratula
船颌翼龙	Scaphognathus
槌喙龙	Qianichthyosaurus
纯信龙	Pistosaurus
慈母龙	Maiasaura
刺盾角龙	Scutumcaedemceratopsian
黔鱼龙	Qianichthyosaurus

古鳄	Proterosuchus	郝氏翼龙	Haopterus gracilis gen. et sp. nov.	喙头龙	Rhynchosaurs
古帆翼龙	Archaeoistiodactylus	合踝龙	Syntarsus	喙嘴龙	Rhamphorhynchus
古海龟	Archelon	河神龙	Achelousaurus	混鱼龙	Mixosaurus
古角龙	Archaeoceratops	河源龙	Heyuannia	火烈鸟	Phoenicopteridae
古巨猪	Archaeotherium	赫伯斯翼龙	Herbstosaurus	霍格沃兹龙王龙	Dracorex hogwartsia
古魔翼龙	Anhanguera	鹤龙	Geranosaurus	**J**	
古似鸟龙	Archaeornithomimus	黑瑞龙	Herrerasaurus	基龙	Edaphosaurus
股薄鳄	Gracilisuchus	轰龙	Woolungasaurus	畸齿龙	Heterodontosaurus
怪诞虫	Hallucigenia	红山翼龙	Hongshanopterus	畸形龙	Pelorosaurus
怪味龙	Tangvayosaurus	后凹尾龙	Opisthocoelicaudia	棘齿龙	Echinodon
冠齿兽	Coryphodon	后弓兽	Macrauchenia	棘龙	Spinosaurus
冠鳄兽	Estemmenosuchus	厚鼻龙	Pachyrhinosaurus	棘鱼	Bristling
冠恐鸟	Gastornis geiselensis	厚颊龙	Bugenasaura	棘螈	Acanthostega
冠龙	Corythosaurus	厚甲龙	Struthiosaurus	脊颌翼龙	Tropeognathus
广翅鲎	Eurypterida	厚甲鱼	Postturtur	加登翼龙	Kepodactylus
龟龙	Placochelys	厚针龙	Pachyrhachis problematicus	加利福尼亚鱼龙	Californosaurus
贵州龙	Keichousaurus	湖北鳄	Hupehsuchus	加斯顿龙	Gastonia
H		湖氓翼龙	Lacusovagus	加斯马吐龙	Chasmatosaurus
哈特兹哥翼龙	Hatzegopteryx	湖翼龙	Noripterus	加斯莫龙	Chasmosaurs
海百合	Metacrinus	蝴蝶龙	Hudiesaurus	加斯帕里尼龙	Gasparinisaura
海胆	Sea urchin	华阳龙	Huayangosaurus	甲龙	Ankylosaurus
海拉尔龙	Hylaeosaurus	滑肋龙	Labi costam draco	甲胄鱼	Ostracoderm
海螺	Busycon canaliculatu	滑翔蜥	Kuehneosaurus	假熊猴	Notharctus
海鳗龙	Muraenosaurus	缓龙	Bradysaurus	尖角龙	Centrosaurus
海绵	Phylum ponifera	幻龙	Nothosaurus	剑齿虎	Machairodontinae
海诺龙	Hainosaurus	荒漠龙	Valdosaurus	剑角龙	Stegoceras
海蛇尾	Ophiuroidea	黄河剑齿象	S.huanghoensis	剑龙	Stegosaurus
海王龙	Tylosaurus	黄河巨龙	Huanghetitan	腱龙	Tenontosaurus
海星	Asteroidea	黄昏鸟	Hesperornis	箭石	Belemnites
旱龙	Siccitatis	会鸟	Sapeornis	桨龙	Eretmosurus
豪勇龙	Ouranosaurus	绘龙	Pinacosaurus	焦兽	Pyrotherium

陆行鲸	Ambulocetus	南方猎龙	Australovenator	披毛犀	Coelodonta antiquitalis
栾川盗龙	Luanchuanraptor	南极龙	Antarctosaurus	皮萨诺龙	Pisanosaurus
洛氏敏龙	Longosaurus longicollis welles	南雄龙	Nanshiungosaurus	皮氏吐龙	Pistosaurus
滤齿翼龙	Pterofiltrus	南翼龙	Pterodaustro guinzaui	皮亚特龙	Longpiatt
M		南漳龙	Nanchangosaurus	葡萄园龙	Ampelosaurus
马拉鳄龙	Marasuchus	内蒙古龙	Neimenggusaurus	普龙巴克特龙	Probactrosaurus
马门溪龙	Mamenchisaurus	内乌肯盗龙	Neuquenraptor	普罗米桑虫	Promisso hydropower
马普龙	Mapusaurus	泥潭龙	Limusaurus	Q	
马蹄蟹	Limulus	泥泳龙	Peloneustes	戟 龙	Styracosaurus
马扎尔龙	Magyarosaurus	捻船头翼龙	Caulikicephahus	奇 虾	Anomalocaridids
蛮 龙	Torvosaurus	鸟 鳄	Ornithosuchus	綦 龙	Qijianglong guokr
鳗 龙	Muraenosaurus	鸟掌龙	Ornith ocheirus	鳍甲鱼	Pteraspis
满洲鳄	Monjurosuchus	鸟嘴翼龙	Ornithostoma	气 龙	Gasosaurus
满洲龙	Mandschurosaurus	宁城翼龙	Ningchengopterus	弃械龙	Anoplosaurus
毛鬼龙	Rhapousede	牛角龙	Torosaurus	契丹翼龙	Cathayopterus
矛颌翼龙	Dorygnathus	牛鬣兽	Oxyaena	前 龙	Longante
美颌龙	Compsognathus	牛 鸟	Buffalo weaver	腔骨龙	Coelophysis
美甲龙	Saichania	牛头龙	Tatankacephalus	腔躯龙	Antrodemus valens
美扭椎龙	Eustreptospondylus	农神龙	Saturnalia	锹鳞龙	Stagonlepis
美洲红鹳	Phoenico pterus ruber	努尔哈赤翼龙	Nurhachius	巧合角龙	Serendipaceratops
美洲剑齿虎	Smilodon	诺曼底翼龙	Normannognathus	切齿龙	Incisivosaurus
迷惑龙	Apatosaurus	诺斯特鱼	Paternoster fish	窃螺龙	Conchoraptor
米拉加亚龙	Miragaia	O		禽 龙	Iguanodon
敏迷龙	Minmi	欧巴宾海蝎	Opabinia	青岛龙	Tsintaosaurus
缪兹酋兹翼龙	Muzquizopteryx	欧罗巴龙	Europasaurus	轻巧龙	Elaphrosaurus
魔鬼翼龙	Sordes	鸥 龙	Lariosaurus	犰狳鳄	Armadillosuchus
莫氏鱼	Jamoytius	P		球齿龙	Globidens
穆塔布拉龙	Muttaburrasaurus	帕克索龙	Parksosaurus	曲颌形翼龙	Campylognathoides
N		派克鳄	Euparkeria	犬颌兽	Cynognathus
纳摩盖吐龙	Nemegtosaurus pachi dong	盘古龙	Euhel-opus	R	
南方巨兽龙	Giganotosaurus	披肩鲺	Barbus humeralis	热河龙	Jeholosaurus

热河鸟	Jeholornis	麝足兽	Moschops	树栖龙	Epidendrosaurus
热河翼龙	Jeholopterus ningchengensis gen. et sp. nova.	神怪龙	Fantasydraco	树翼龙	Dendrorhynchoides
乳齿象	Mammut	神河龙	Styxosaurus	双笔石	Diplograptus
乳齿鱼	Lacpiscis dente	神剑鱼龙	Excalibosaurus	双脊龙	Dilophosaurus
锐 龙	Dacentrurus	神龙翼龙	Azhdarcho	双臼椎龙	Polycotylus
瑞氏普尔塔龙	Puertasaurus reuili	神州翼龙	Shenzhoupterus	双鳍鱼	Dipterus
S		胜王龙	Rajasaurus	双腔龙	Amphicoelias
萨尔塔龙	Saltasaurus	十字龙	Staurikosaurus	双形齿兽	Dimorphodom
萨斯特鱼龙	Shastasaurus	时代龙	Shidaisaurus	水龙兽	Lystrosaurus
塞塞罗龙	Thescelosaurus	食肉牛龙	Carnotaurus	水 母	Scyphozoa
赛查龙	Saichania	食蜥王龙	Saurophaganax	硕甲龟龙	Psephochelys
三尖叉齿兽	Thrinaxodo	始盗龙	Eoraptor	丝绸翼龙	Sericipterus
三角龙	Sterrholophus marsh	始无齿翼龙	Eopteranodon	斯普里格蠕虫	Spriggina
三列齿兽	Tritylodontidae	始秀颌龙	Procompsognathus	斯瓦塔须鲅	Swartpuntia
三叶虫	Trilobita	始袖兽	Animal initium	四川龙	Szechuanosaurus
色拉翼龙	Acetaria jilong	始虚骨龙	Coelurus	苏尼特龙	Sonidosaurus
色雷斯龙	Ceresiosurus	始螈	Eogyrinus attheyi	肃州龙	Suzhousaurus
森林龙	Hylaeosaurus	始祖马	Hyracotherium	索齿兽	Desmostylus
森林翼龙	Nemicolopterus	始祖鸟	Archaeopteryx	索德斯龙	Sordes
沙洛维龙	Sharovipteryx	始祖象	Moeritherium	索他龙	Saltasaurus
沙尼龙	Shonisaurus	似驰龙	Dromaeosauroides	T	
鲨齿龙	Carcharodontosaurus	似鳄龙	Suchomimus teneresis	塔博龙	Tarbosaurus
山东龙	Shantungosaurus	似鸡龙	Gallimimus	塔邹达龙	Tazoudasaurus
山旺山东鸟	S. shanwanensis	似鸟龙	Ornithomimus	泰曼鱼龙	Temnodontosaurus
闪电兽龙	Fulgurotherium	似提姆龙	Timimus	泰南吐龙	Tenontosaurus
扇冠大天鹅龙	Olorotitan	似鸵龙	Struthiomimus	谭氏龙	Tanius wiman
擅攀鸟龙	Scansoriopteryx	似尾羽龙	Similicaudipteryx	特暴龙	Tarbosaurus bataar
伤齿龙	Troodon	梳颌翼龙	Ctenochasma	提塔利克鱼	Tiktaalik
上 龙	Pliosaurus	蜀 龙	Shunosaurus	天山龙	Tienshanosaurus
蛇发女怪龙	Gorgosaurus	鼠 龙	Mussaurus	天王翼龙	Cacibupteryx
蛇颈龙	Plesiosaurus	树 龙	Diuligno	天宇龙	Tianyulong

天镇龙	Tianzhenosaurus	乌鸦翼龙	Gwawinapterus	晓 龙	Xiaosaurus
跳 龙	Saltopus	乌 贼	Cuttlefish	小盗龙	Microraptor
铁沁鳄	Ticinosuchus	无齿龙	Henodus	小盾龙	Scutellosaurus
偷蛋龙	Oviraptor	无齿翼龙	Pteranodon	小盾片龙	Scutellosaurus
头甲龙	Euoplocephalus	无孔鱼	Achoania	小贵族龙	Kritosaurus
头甲鱼	Cephalaspis	无尾颌龙	Anurognathus	小鸟龙	Orhitholestes
秃顶龙	Troodon	无畏龙	Ouranosaurus	小驼兽	Oligokyphus
吐谷鲁龙	Tugulusaurus	蜈 蚣	Scolopenda	新猎龙	Neovenator
兔 鳄	Lagosuchus	五彩冠龙	Guanlong wucaii	新兀鹫	Neocathartes
兔螈龙	Lepus Longsalamandra	五角龙	Pentaceratops	醒 龙	Abrictosaurus
腿 龙	Scelidosaurus	悟空翼龙	Wukongopterus	兴义欧龙	Lariosaurus
沱江龙	Tuojiangosaurus	X		秀颌龙	Compsognathus
W		西阿翼龙	Cearadactylus	秀尼鱼龙	Shonisaurus
蛙颌翼龙	Batrachognathus	西洛仙蜥	Helo cents l acerta	虚骨龙	Coelurus
弯齿树翼龙	Dendrorhynchoides	西 马	Simma	虚形龙	Coelophysis
弯 龙	Camptosaurus	西爪龙	Hesperonychus	宣汉龙	Xuanhanosaurus
完齿兽	Entelodon	蜥代龙	Varanops	Y	
完 龙	Terminum	蜥 鳄	Postosuchus	匙喙翼龙	Plataleorhynchus
玩具翼龙	Ludodactylus	蜥结龙	Sauropelta	鸭嘴龙	Hadrosaurs
皖南龙	Wannanosaurus	蜥鸟龙	Saurornithoides	亚冠龙	Hypacrosaurus
腕 龙	Brachiosaurus	蜥 螈	Seymouria	亚兰达甲鱼	Arandaspis
王 蟹	Paralithodes camtschatica	喜马拉雅鱼龙	Himalayasaurus	亚利桑那龙	Arizonasaurus
威瓦克西亚虫	Wiwaxia	狭鼻翼龙	Angustinaripterus	妖精翼龙	Tupuxuara
微角龙	Microceratops gobiensis	狭翼龙	Stenopterygius	耀 龙	Epidexipteryx
微肿头龙	Micropachycephalosaurus	狭翼鱼龙	Stenopterygius	夜翼龙	Nyctosaurus
维洛西拉龙	Velocirapter	狭爪龙	Troodon	伊拉夫罗龙	Elaphrosaurus
伟鬣兽	Megistotherium	纤角龙	Leptoceratops	伊斯基瓜拉斯托兽	Ischigualastia
尾羽龙	Caudipteryx	纤细盗龙	Graciliraptor	义县龙	Yixianosaurus
蜗 牛	Fruticicola	咸海神翼龙	Aralazhdarcho	异齿龙	Dimetrodon
乌埃哈龙	Wuerhosaurus	象 鸟	Aepyornis	异平齿龙	Hyperodapedon
乌尔禾龙	Wuerhosaurus	橡树龙	Dryosaurus	异特龙	Allosaurus

异螈	Gerrothorax	越前龙	Echizensaurus	重型龙	Longverticaltype
易门龙	Yimenosaurus	云贵龙	Yunguisaurus	重爪龙	Baryonyx
翼手龙	Pterodactylus	云南龙	Yunnanosaurus	舟爪龙	Scaphonyx
翼肢鲎	(pterygotus) tair-i-goht-uhs	**Z**		舟椎龙	Cymbospondylus
翼嘴翼龙	Pterorhynchus	葬火龙	Citipati	胄甲龙	Panoplosaurus
引鳄	Erythrosuchus	爪兽	Chalicotheriidae	皱褶龙	Rugops
引螈	Eryops	沼泽龙	Telmatosaurus	准噶尔鳄	Junggarsuchus
隐龙	Yinlong	磔齿龙	Dryosaurus	准噶尔翼龙	Dsungaripterus
印度鳄龙	Indosuchus	浙江翼龙	Zhejiangopterus	准角龙	Anchiceratops
鹦鹉螺	Nautilus pompilius	真角鱼龙	Eurhinosaurus	资中龙	Zizhongosaurus
鹦鹉嘴龙	Psittacosaurus	真鲨龙	Long carcharhinus	总鳍鱼	Crossopterygii
鹰爪翼龙	Aerodactylus	真掌鳍鱼	Eusthenopteron	足杯虫	Dinonischus
永川龙	Yangchuanosaurus	镇远翼龙	Zhenyuanopterus	嘴口龙	Rhamphorhynchus
优椎龙	Eustreptospondylus	正双形齿翼龙	Eudimorphodon		
尤格龙	Vos gelons	中国豆齿龙	Sinocyamodus		
犹他盗龙	Utahraptor	中国角龙	Sinoceratops		
游龙	Tourdraco	中国猎龙	Sinovenator		
有角鳄	Desmatosuchus	中国鸟	Sinornis		
鱼龙	Ichthyosauria	中国鸟脚龙	Sinornithoides		
鱼鸟	Ichthyornis	中国鸟龙	Sinornithosaurus		
鱼石螈	Ichthyostega	中国虚骨龙	Sinocoelurus		
渝州上龙	Yuzhoupliosaurus	中华盗龙	Sinraptor		
羽齿兽	Ptilodus	中华丽羽龙	Sinocalliopteryx		
鸢翼龙	Elanodactylus	中华龙鸟	Sinosauropteryx		
原鳄	Protosuchus	中兽	Bestia		
原角鼻龙	Proceratosaurus	中新懒兽	Ancient megatheriumon		
原角龙	Protoceratops	中原龙	Zhongyuansaurus		
原赖氏龙	Eolambia	肿角龙	Torosaurus		
原蜥冠鳄	Prosaurolophus	肿头龙	Pachycephalosaurus		
圆顶龙	Camarasaurus	重龙	Barosaurus		

参考文献

[1] 赫伍德.恐龙大搜寻 [M].成都：四川少年儿童出版社，2002.

[2] 本顿.恐龙大百科 [M].戴美玲，译.长沙：湖南少年儿童出版社，2013.

[3] 怀特菲尔德.少儿恐龙百科全书 [M].范继红，译.长沙：湖南少年儿童出版社，1995.

[4] 布林尼.恐龙探秘百科 [M].林杰，译.北京：中国华侨出版社，2012.

[5] 杨杨.超级恐龙全书 [M].长沙：湖南科学技术出版社，2012.

[6] 莱塞姆.美国国家地理终极恐龙百科 [M].邢立达，王申那，译.北京：海豚出版社，2013.

[7] 李连叙，张建平，岩昆，等.动物与古动物画册 [M].哈尔滨：黑龙江科学技术出版社，1984.

[8] 戎嘉余，黄冰.生物大灭绝研究三十年 [J].中国科学：地球科学，2014,44（3）:377-404.